高职高专"十三五"规划教材·计算机系列

计算机应用基础项目实战教程

(Windows 7+Office 2010)

主　编　付　玲　王丽娜　张凌雪

副主编　迟晓曼　卢川英　肖　杨

　　　　徐　强　夏雪飞　刘学飞

　　　　邵奎燕　王曙光

主　审　管秀君

西安电子科技大学出版社

内 容 简 介

本书分为三个模块，即计算机基础、常用软件和网络基础，主要介绍了计算机基础知识、Windows 7 操作系统、Office 2010(包括 Word、Excel 和 PowerPoint 的基本应用)。

本书以项目为导向、以任务为引领，讲授相关的操作技能，即学即用，突出职业能力的培养。

本书可作为高等职业院校计算机通识课程的教材，也可作为计算机能力培养及提高的培训教材。

图书在版编目(CIP)数据

计算机应用基础项目实战教程：Windows 7+Office 2010 / 付玲，王丽娜，张凌雪主编. — 西安：
西安电子科技大学出版社, 2017.12
ISBN 978-7-5606-4775-3

Ⅰ. ① 计… Ⅱ. ① 付… ② 王… ③ 张… Ⅲ. ① Windows 操作系统 ② 办公自动化－应用软件

Ⅳ. ① TP316.7 ② TP317.1

中国版本图书馆 CIP 数据核字(2017)第 295160 号

策划编辑　高　樱
责任编辑　师　彬　阎　彬
出版发行　西安电子科技大学出版社(西安市太白南路 2 号)
电　　话　(029)88242885　88201467　　　邮　编　710071
网　　址　www.xduph.com　　　　　　电子邮箱　xdupfxb001@163.con
经　　销　新华书店
印刷单位　陕西天意印务有限责任公司
版　　次　2017 年 12 月第 1 版　　　2017 年 12 月第 1 次印刷
开　　本　787 毫米×1092 毫米　1/16　印　张　18.5
字　　数　438 千字
印　　数　1 ～ 3000 册
定　　价　39.00 元

ISBN 978-7-5606-4775-3 / TP

XDUP 5077001-1

***** 如有印装问题可调换 *****

前　言

为了贯彻教育部《关于全面提高高等职业教育教学质量的若干意见》以及《国家中长期教育改革和发展规划纲要(2010—2020)》精神，根据高等职业院校学生的培养目标和学习特点，编者广泛查阅计算机应用及信息处理的相关资料，并总结多年的实践教学经验，确定了本书编写的总体思路，即参照教育部提出的"计算机教学基本要求"和"办公软件应用国家职业标准"，结合企事业员工培训特点，立足"必需、实用"，基于"优化、整合"的思路构建内容体系和结构体系，力求编写一本实用性强、使用价值高的教材，为高等职业院校学生和企事业单位员工提供一个教学与培训结合的载体。

本书在内容编排上以理论适度、重在应用为原则，案例丰富，操作步骤清晰，实用性强。本书分为三个模块，十一个项目，共六十三个任务。其中：模块一介绍计算机基础知识、Windows 7 操作系统基本应用，便于学生了解微型计算机软硬件知识和掌握 Windows 7 操作系统的基本操作；模块二介绍常用办公软件 Office 2010(Word、Excel、PowerPoint)的操作方法，常用软件(视频编辑软件、文件压缩软件)的使用方法，满足学生在不同职业岗位上对常用办公软件基本应用的需求；模块三介绍计算机网络基础知识和 Internet 应用技能，满足学生日常网络基本应用的需求。

"项目导向、任务引领"是本书编写的主要特色。在教学内容设计上，本书由浅入深。如办公软件 Office 2010(Word、Excel、PowerPoint)部分内容的设计从基本应用到高级应用、综合应用，再到综合实战演练，每个项目都以任务为引领，通过实际应用案例，按照项目目标—项目情景—项目实施—项目总结—项目实战—技能提升来展开，在完成项目的过程中讲授相关的操作技能，通过项目实战训练来巩固学生的操作能力，并通过技能提升训练使学生的应用能力得到进一步提高。

本书由付玲、王丽娜、张凌雪担任主编，迟晓曼、卢川英、肖杨、徐强、夏雪飞、刘学飞、邵奎燕、王曙光担任副主编。具体编写任务分配：付玲编写项目六；王丽娜编写项目十；张凌雪编写项目二和项目九；迟晓曼编写项目十一；卢川英编写项目三；肖杨编写项目五；徐强编写项目一中的任务一至任务五，以及实战；夏雪飞编写项目八并制作全书教学课件；刘学飞编写项目四；邵奎燕编写项目七；王曙光编写项目一中的任务六。本书由管秀君负责审稿。

在本书的编写过程中，我们参考了一些国内外文献，并引用了其中有关的概念和观点。在此，对被引用文献的作者表示衷心的感谢。另外，感谢西安电子科技大学出版社的编辑在整理、出版本书中提供的帮助。

由于编者水平有限，书中难免有不当之处，恳请广大同行和读者批评指正。

编　者

2017 年 7 月

目 录

模块一　计算机基础

模块二　常用软件

模块三　网 络 基 础

模块一

计算机基础

本模块首先介绍了计算机的发展历程、应用领域、分类和特点，重点讲解了计算机硬件系统和软件系统的组成，以及计算机进位计数制的计算方法。

其次，介绍了 Windows 7 操作系统，包括文件管理、控制面板设置等。通过学习这部分内容，读者应能够熟练运用 Windows 7 操作系统进行复制、移动、搜索、重命名、添加字体、输入法与日期管理等日常操作。

项目一　认识计算机

计算机可以快速准确地处理各种复杂信息，是办公自动化最重要的工具。通过本项目的学习，可以了解计算机的发展历程、应用领域、分类和特点，掌握计算机硬件系统和软件系统的组成以及计算机进位计数制的计算方法，从而提高对学习计算机知识重要性的认识，为完成后续项目打下良好的基础。

 项目目标

➤ 了解计算机的分类、特点及应用领域。
➤ 了解计算机的基本结构。
➤ 掌握计算机的进位计数制。

 项目描述

王同学在中学阶段就接触过计算机，但不是很全面，他想更全面地了解并掌握计算机的基础知识，从而为后续计算机相关内容的学习奠定基础。

 项目实施

任务一　计算机的发展与应用

在人类文明发展的历史长河中，计算工具经历了从简单到复杂、从低级到高级的发展过程。绳结、算筹、算盘、计算尺、手摇机械计算机、电动机械计算机、电子计算机等，在不同的历史时期发挥了各自的作用。

1. 第一台计算机的出现

第一台电子计算机 ENIAC(电子数字积分计算机)于 1946 年 2 月诞生在美国的宾夕法尼亚大学。 ENIAC 是第二次世界大战爆发后强大的计算需求下的产物，其主要作用是帮助军方计算弹道轨迹。

ENIAC 的主要元件是电子管，它每秒钟能完成 5000 次加法，比当时最快的计算工具快 300 倍。ENIAC 占地 170 平方米，使用了 1500 个继电器和 18 800 个电子管，重达30 多吨，耗电 150 千瓦/时，价值 40 万美元。第一台电子计算机 ENIAC 的照片如图 1-1所示。

图 1-1　第一台电子计算机 ENIAC

2. 计算机的发展历程

从 1946 年第一台计算机诞生到现在，计算机的发展突飞猛进，经历了电子管、晶体管、中小规模集成电路和大规模/超大规模集成电路四个阶段。计算机的体积越来越小，功能越来越强，价格越来越低，应用越来越广，具体指标如表 1-1 所示。

表 1-1　计算机发展的四个阶段

	第一代计算机 (1946—1959 年)	第二代计算机 (1959—1964 年)	第三代计算机 (1964—1972 年)	第四代计算机 (1972 年至今)
物理器件	电子管	晶体管	中小规模集成电路	大规模、超大规模集成电路
内存储器	汞延迟线	磁芯存储器	半导体存储器	半导体存储器
外存储器	穿孔卡片、纸带	磁带	磁带、磁盘	磁盘、磁带、光盘等大容量存储器
运算速度(每秒指令数)	几千条	几万至几十万条	几十万至几百万条	上千万至万亿条

(1) 第一代计算机是电子管计算机。这个时期的计算机的特点是体积庞大、运算速度低、成本高、可靠性较差、内存容量小，主要用于军事和科学研究工作。

(2) 第二代计算机是晶体管计算机。与第一代计算机相比，晶体管计算机体积小、成本低、功能强、可靠性高。与此同时，计算机软件也有了较大的发展，出现了监控程序并发展成为后来的操作系统，高级程序设计语言 Basic、FORTRAN 和 COBOL 的推出使编写程序的工作变得更为方便并实现了程序兼容，同时使计算机工作的效率大大提高。除了科学计算外，计算机还用于数据处理和事务处理。图 1-2 为世界上第一台晶体管计算机的照片，它由 800 个晶体管组成。

图 1-2　第一台晶体管计算机

(3) 第三代计算机是小规模集成电路(Small Scale Integrated circuits，SSI)和中规模集成电路(Medium Scale Integrated circuits，MSI)计算机。所谓集成电路，是用特殊的工艺将完整的电子线路制作在一个半导体硅片上形成的电路。与晶体管计算机相比，集成电路计算机的体积、重量、功耗都进一步减小，运算速度、逻辑运算功能和可靠性都进一步提高。这一时期的计算机同时向标准化、多样化、通用化、机种系列化发展。如图 1-3 所示的IBM360 系列是最早采用集成电路的通用计算机，也是影响最大的第三代计算机。

图 1-3　第一台集成电路计算机 IBM360

(4) 第四代计算机是大规模集成电路(Large Scale Integrated circuits，LSI)和超大规模集成电路(Very Large Scale Integrated circuits，VLSI)计算机。第四代计算机的重量和耗电量进一步减少，计算机性能价格比基本上以每 18 个月翻一番的速度上升，符合著名的摩尔定律。这一阶段软件工程的概念开始提出，操作系统向虚拟操作系统发展，各种应用软件产品丰富多彩，大大扩展了计算机的应用领域。IBM 4300 系列、3080 系列、3090 系列和 9000系列是这一时期的主流产品。大规模集成电路板如图 1-4 所示。

图1-4 大规模集成电路板

(5) 新一代计算机——智能计算机。到目前为止，各种类型的计算机都遵循美国数学家冯·诺依曼提出的存储程序的基本原理进行工作。随着计算机应用领域的不断扩大，冯·诺依曼型计算机的工作方式逐渐显露出局限性，所以科学家提出了制造非冯·诺依曼式计算机。正在开发研制的新一代计算机——智能计算机，将具有自动识别自然语言、图形、图像的能力，也具有理解和推理的能力，还具有知识获取、知识更新的能力。

3. 计算机的应用领域

1946 年计算机问世之初，主要用于数值计算，"计算机"因此得名。现如今的计算机几乎和所有学科相结合，在经济社会的各方面起着越来越重要的作用。计算机网络在交通、金融、企业管理、教育、邮电、商业等各个领域得到了广泛应用。

(1) 科学计算。科学计算主要是使用计算机进行数学方法的实现和应用。今天，计算机"计算"能力的提高推进了许多科学研究的进展，如著名的人类基因序列分析计算、人造卫星的轨道测算等。国家气象中心使用计算机，不但能够快速、及时地对气象卫星云图数据进行处理，而且可以根据对大量历史气象数据的计算进行天气预测。在网络运用越来越深入的今天，"云计算"也将发挥越来越重要的作用。所有这些在没有使用计算机之前是根本不可能实现的。

(2) 数据/信息处理。数据/信息处理也称为非数值计算。随着计算机科学技术的发展，计算机的"数据"不仅包括"数"，而且包括其他更多的数据形式，如文字、图像、声音等。计算机在文字处理方面已经改变了纸和笔的传统应用，它所产生的数据不但可以被存储、打印，还可以进行编辑、复制等。这是目前计算机应用最多的一个领域。

(3) 过程控制。过程控制是指利用计算机对生产过程、制造过程或运行过程进行检测与控制，即通过实时监控目标对象的状态，及时调整被控对象，使被控对象能够正确地完成生产、制造或运行。过程控制广泛应用于各种工业环境中，这不只是控制手段的改变，而且拥有众多优点：第一，能够替代人在危险、有害的环境中作业；第二，能在保证同样质量的前提下连续作业，不受疲劳、情感等因素的影响；第三，能够完成人所不能完成的有高精度、高速度、时间性、空间性等要求的操作。

(4) 计算机辅助。计算机辅助是计算机应用的一个非常广泛的领域。几乎所有过去由人进行的具有设计性质的过程都可以让计算机帮助实现部分或全部工作。计算机辅助 (或称为计算机辅助工程)主要有计算机辅助设计、计算机辅助制造、计算机辅助教育、计算机辅助技术、计算机仿真模拟等。

(5) 网络通信。计算机技术和数字通信技术发展并相互融合产生了计算机网络。通过计算机网络，多个独立的计算机系统联系在一起，把不同地域、不同国家、不同行业、不同组织的人们联系在一起，缩短了人们之间的距离，改变了人们的生活和工作方式。通过网络，人们坐在家里通过计算机便可以预订机票、车票，可以购物，从而改变了传统服务业、商业单一的经营方式。通过网络，人们还可以与远在异国他乡的亲人、朋友实时地传递信息。

(6) 人工智能。人工智能(Artificial Intelligence，AI)是用计算机模拟人类的某些智力活动。利用计算机可以进行图像和物体的识别，模拟人类的学习过程和探索过程。人工智能研究期望赋予计算机以更多人的智能，如机器翻译、智能机器人等都是利用计算机模拟人类的智力活动。人工智能是计算机科学发展以来一直处于前沿的研究领域，其主要研究内容包括自然语言理解、专家系统、机器人、定理自动证明等。目前，人工智能已应用于机器人、医疗诊断、故障诊断、计算机辅助教育、案件侦破、经营管理等诸多方面。

(7) 多媒体应用。多媒体是包括文本(Text)、图形(Graphics)、图像(Image)、音频(Audio)、视频(Video)、动画(Animation)等多种信息类型的综合。多媒体技术是指人和计算机交互地进行上述多种媒介信息的捕捉、传输、转换、编辑、存储、管理，并由计算机综合处理为表格、文字、图形、动画、音频、视频等视听信息有机结合的表现形式。多媒体技术拓宽了计算机的应用领域，使计算机广泛应用于商业、服务业、教育、广告宣传、文化娱乐、家庭等方面。同时，多媒体技术与人工智能技术的有机结合还促进了虚拟现实(Virtual Reality)、虚拟制造(Virtual Manufacturing)技术的发展，使人们可以在计算机迷你的环境中感受真实的场景，通过计算机仿真制造零件和产品，感受产品各方面的功能与性能。

(8) 嵌入式系统。并不是所有计算机都是通用的，有许多特殊的计算机用于不同的设备中，如消费电子产品和工业制造系统，都是把处理器芯片嵌入其中，完成特定的处理任务。这些系统称为嵌入式系统。如数码相机、数码摄像机以及高档电动玩具等都使用了不同功能的处理器。

任务二 计算机的分类

随着计算机技术和应用的发展，计算机的家族愈加庞大，种类繁多，可以按照不同的方法对其进行分类。

1. 按计算机处理的数据分类

按处理数据的类型，计算机可以分为模拟计算机、数字计算机、数字和模拟计算机(混合计算机)。

(1) 模拟计算机。模拟计算机的主要特点是：参与运算的数值由不间断的连续量(称为模拟量)表示，其运算过程是连续的。模拟量以电信号的幅值来模拟数值或某物理量的大小，如电压、电流、温度等都是模拟量。模拟计算机常以绘图或量表的形式输出。模拟计算机由于受元器件质量的影响，其计算精度较低，应用范围较窄，目前已很少生产。

(2) 数字计算机。数字计算机的主要特点是：参与运算的数值用离散的数字量表示，其运算过程按数字位进行计算，处理之后仍以数字形式输出到打印纸上或显示在屏幕上。数字计算机由于具有逻辑判断等功能，是以近似人类大脑的"思维"方式进行工作的，所以又被称为"电脑"。

(3) 数字和模拟计算机(混合计算机)。它集数字计算机与模拟计算机的优点于一身，可以接受模拟量或数字量的运算，最后以连续的模拟量或离散的数字量输出结果。

2. 按计算机的用途分类

按用途，计算机可以分为通用计算机和专用计算机。

(1) 通用计算机。通用计算机适用于一般科学运算、学术研究、工程设计和数据处理等广泛用途的计算，通用性强，如 PC(Personal Computer，个人计算机)。通常所说的计算机均指通用计算机。

(2) 专用计算机。专用计算机配备有解决特定问题的软件和硬件，能够高速、可靠地解决特定问题，如飞机的自动驾驶仪、坦克火控系统中所用的计算机都属于专用计算机。

3. 按计算机的性能、规模和处理能力分类

这种分类方法是最常见的分类方法，所依据的性能主要包括体积、字长、运算速度(处理数据的快慢)、存储容量(能记忆数据的多少)、外部设备和软件配置等。按照计算机的运算速度、存储容量、功能强弱、软硬件配置等多方面的综合性能指标，可以将计算机分为巨型计算机、大中型计算机、小型计算机、微型计算机、工作站和服务器。

(1) 巨型计算机。巨型计算机最初用于科学和工程计算，早期只用于政府部门和国防科技领域。自 20 世纪 90 年代中期，巨型计算机的应用领域开始扩展，从传统的科学和工程计算领域扩展到事务处理、商业自动化等领域。

巨型计算机运算速度快，存储容量大，结构复杂，价格昂贵，主要用于尖端科学研究领域。我国研制成功的巨型计算机有银河 I 型亿次机、银河 II 型十亿次机、银河 III 型百亿次机以及天河一号千亿次机。天河一号千亿次巨型计算机照片如图 1-5 所示。

图 1-5　天河一号千亿次巨型计算机

(2) 大中型计算机。大中型计算机体积大，速度快，通用性强，具有很强的综合处理能力，价格比较贵，如图 1-6 所示。

在军事上，大中型计算机主要应用在快速判断目标和辅助决策，而且在高速自动化指挥控制系统、导弹技术以及核武器、航天工具等装备设计和模拟等方面都是主力。在民用方面，大中型计算机应用逐渐广泛，已深入机械、气象、电子、人工智能等诸多领域。

图 1-6　大型计算机

(3) 小型计算机。与大中型计算机相比，小型计算机性能适中、价格相对比较便宜、易于使用和管理、维护也较容易，如图 1-7 所示。小型计算机用途非常广泛，既可用于科学计算、数据处理，也可用于生产过程自动控制和数据采集及分析处理。

图 1-7　小型计算机

(4) 微型计算机。微型计算机也叫做微机，是当今使用最普及、产量最大的一类计算机，因其小、巧、轻、使用方便、价格便宜而应用范围极广，从太空中的航天器到家庭生活，从工厂的自动化控制到办公软件，遍及商业、服务业、农业等社会各个领域。微型计算机的出现，促使计算机真正成为大众化的信息处理工具。微型计算机可以按照结构和性能划分为单片机、单板机、个人计算机等几种类型。

① 单片机。把微处理器、一定容量的存储器以及输入/输出接口电路等集成在一个芯片上，就构成了单片机。可见单片机仅是一片特殊的、具有计算功能的集成电路芯片。单片机体积小，功耗低，实用方便，但存储容量较小，一般用作专用机或用来控制高级仪表、家用电器等。

② 单板机。把微处理器、存储器以及输入/输出接口电路等安装在一块印刷电路板上，就成为单板计算机。一般在这块板上还有简易键盘、液晶和数码管显示器以及外存储器接口等。单板机价格低廉且易于扩展，广泛用于工业控制、微型机教学和实验，或作为计算机控制网络的前端执行机。

③ 个人计算机。个人计算机也就是 PC，可以分为台式微机和便携式微机。台式微机可以将全部设备放置在桌面上，又称为桌面型计算机，如图 1-8 所示。

图 1-8　台式计算机　　　　　　　　　　　图 1-9　笔记本计算机

便携式微机包括笔记本计算机(如图 1-9 所示)、平板电脑(如图 1-10 所示)以及掌上电脑(如图 1-11 所示)，体积更小，重量更轻，可以随身携带。

图 1-10　平板电脑　　　　　　　　　　　图 1-11　掌上电脑

(5) 工作站。工作站是介于小型计算机和微型计算机之间的一种高档微机，通常配有大容量的存储器和大屏幕显示器，具有较高的运算能力、较强的网络通信能力、操作便利、人机界面友好的特点，在工程设计领域得到广泛使用。SUN、HP 等公司都是著名的工作站生产厂家。

(6) 服务器。服务器是一种可供网络用户共享的高性能计算机。它一般具有大容量的存储设备和丰富的外部接口，并运行网络操作系统。由于要求较高的运行速度，为此很多服务器都配置了双 CPU。服务器常用于存放各类资源，常见的资源服务器有 DNS(域名)服务器、E-mail(电子邮件)服务器、Web(网页)服务器等。服务器机房如图 1-12 所示。

图 1-12　服务器机房

任务三　微型计算机的硬件系统

计算机的硬件系统是由各种电子线路、器件以及机械装置所组成的，是看得见、摸得着的实物部分，是计算机工作的物质基础。微型计算机的基本硬件设备包括主机、输入设备和输出设备三大部分：主机包括机箱、主板、CPU、内存条、硬盘、声卡、显示卡、网卡、光驱等；输入设备将数据输入给主机，常用的输入设备有键盘、鼠标、扫描仪等；输出设备将主机的处理结果以适当的形式输出，常用的输出设备有显示器、音箱、打印机和绘图仪等。

1. 主机

(1) 机箱。机箱从外形上可以分为卧式机箱和立式机箱。当前，立式机箱居多。由于不同厂家生产的机箱在外形和颜色上都有区别，所以计算机主机机箱不是统一的。但是无论如何变化，在机箱上都有电源开关、电源指示灯、硬盘指示灯和复位按钮。

电源开关：用于开启和关闭计算机。在很多机箱上都会标有"POWER"字样。

电源指示灯：当按下电源开关后，电源指示灯就会亮，表明计算机已经通电。

硬盘指示灯：当硬盘在读写数据时，硬盘指示灯会亮，表明硬盘正在工作。

RESET(复位)按钮：按下此按钮，计算机就会在不关闭电源的前提下重新启动。

(2) 主板。主板安装在微机机箱内，是长方形的集成电路板。主板主要由 CPU 插座、内存插槽、PCI 插槽、AGP 插槽、电源转换器件、芯片组、外设接口等组成，如图 1-13 所示。在主板上可以安装 CPU、内存、声卡、网卡、显示卡、硬盘、光驱等硬件和设备。CPU 插座是用来安装处理器的地方；内存插槽是主板上用来安装内存的地方；PCI(Peripheral Component Interconnect)总线插槽是由 Intel 公司推出的一种局部总线，它为显卡、声卡、网卡、电视卡、Modem 等设备提供了连接接口。主板的作用是通过系统总线插槽和各种外设接口将微机中的各种器件紧密地联系在一起。

图 1-13　主板

(3) CPU。CPU(Central Processing Unit)即中央处理单元，也称为微处理器，是整个微机系统的核心部件。CPU 由运算器和控制器组成。运算器主要完成各种算术运算和逻辑运算；控制器不具有运算功能，它是微机系统的指挥中心，按照程序指令的要求，有序地向各个部件发出控制信号，使微机有条不紊地运行。图 1-14 所示为 CPU 及插座。

图 1-14 CPU 及插座

CPU 是微型计算机的核心，它的性能决定了整个计算机的性能。衡量 CPU 的性能指标主要有主频和字长。

主频是指微处理器的时钟频率，在很大程度上决定了微处理器的运行速度。主频越高，处理速度越快。主频通常以 MHz(兆赫兹)为单位来度量，目前主流 CPU 的时钟频率高达 3.6 GHz(3.06 × 103 MHz)。

字长是指 CPU 执行一次操作所能处理的最大二进制位数。CPU 的字长有 8 位、16 位、32 位和 64 位。字长越长，运算精度就越高，处理能力越强，目前主流 CPU 都使用 64 位字长。

(4) 内存。内存(内存条如图 1-15 所示)又称为主存，一般由半导体存储器组成，它的存取速度比较快，内存可以逐步扩充，内存和 CPU 合称为主机。内存可以分为随机存储器和只读存储器。

随机存储器(RAM)用于存储当前正在运行的程序、各种数据及其运行的中间结果，数据可以随时读入和输出。由于信息是通过电信号写入这种存储器的，因此这些数据不能永久保存，在计算机断电后，RAM 中的信息会丢失。

只读存储器(ROM)中的信息只能读出而不能随便写入，也称为固件。ROM 中的信息是厂家在制造时用特殊方法写入的，用户不能修改，断电

图 1-15 内存条

后信息不会丢失。ROM 中的信息一般都是比较重要的数据和程序，如微机的开机自检程序等。

(5) 外存储器。外存储器又称为辅助存储器(辅存)，用于保存微机的永久性数据。外存储器主要有硬盘存储器、光盘存储器和移动存储器。

① 硬盘存储器(简称硬盘)。硬盘是微机中最重要的外部存储设备，硬盘一般固定在计算机的主机箱内，如图 1-16 所示。目前的硬盘从几十个 GB 到上百个 GB。使用硬盘时，应保持良好的工作环境，适宜的温度和湿度，注意防尘、防震，并且不要随意拆卸。

② 光盘存储器。光盘存储器由光盘驱动器和光盘组成。光盘驱动器可分为可刻录光盘驱动器和只读光盘驱动器。光盘驱动器(如图 1-17 所示)按照数据传输率可分为单倍速、双倍速、4 倍速、8 倍速、16 倍速、24 倍速、32 倍速、48 倍速、52 倍速等。单倍速的速率为 150 KB/s，其他倍速和单倍速是一个倍率关系。例如，双倍速的速度为 300 KB/s 左右。

数据传输率越高，数据的读取速度越快。目前，微型计算机一般使用的是 48 倍速以上的光盘驱动器。

图 1-16　硬盘

图 1-17　光盘驱动器

根据光盘的性能不同，光盘分为只读性光盘、一次性写入光盘、可擦写光盘、数字多功能盘。

只读性光盘(CD-ROM)：CD-ROM 由厂家写入程序或数据，出厂后用户只能读取，不能再写入和修改存储内容。

一次性写入光盘(CD-R)：CD-R 允许用户一次写入多次读取。由于信息一旦被写入光盘便不能更改，因此用于长期保存资料和数据等。

可擦写光盘(CD-RW)：CD-RW 集成了软磁盘和硬磁盘的优势，既可以读数据，也可以将记录的信息擦去再重新写入。它的存储扩展能力大大超过了软磁盘和硬磁盘。

数字多功能盘(DVD)：DVD(Digital Versatile Disc)集计算机技术、光学记录技术和影视技术等为一体，其目的是满足人们对大存储容量、高性能存储媒体的需求。

③ 移动存储器。目前，常用的移动存储器有移动硬盘和闪存。

移动硬盘，顾名思义是以硬盘为存储介质，强调便携性的存储产品，它的特点是容量大、传输速度快、使用方便。因为采用硬盘为存储介质，所以移动硬盘在数据的读写模式与标准 IDE 硬盘是相同的，移动硬盘多采用 USB、IEE1394 等传输速度较快的接口，可以用较高的速度与系统间进行数据传输。目前，移动硬盘最大容量可达 500 GB。

闪存又叫做 U 盘，它采用一种新型的 EPROM 存储单元，具有内存可擦可写可编程的优点，还具有体积小、重量轻、读写速度快、断点后资料不丢失等特点，所以被广泛应用。闪存的接口一般为 USB 接口，最大容量可达十几个 GB。

图 1-18　显示卡

(6) 显示卡。显示卡又称为图形加速卡，如图 1-18 所示，其主要作用是控制计算机图形输出，它工作在 CPU 和显示器之间，是微机主机与显示器连接的桥梁；显示器只有在显示卡及其驱动程序的支持下才能显示出色彩艳丽的图形。

(7) 声卡。声卡(如图 1-19 所示)是多媒体微机中不可缺少的部件。声卡提供了录制、编辑和回放数字音频

图 1-19　声卡

以及进行 MDI 音乐合成的功能，玩游戏、播放音乐影像等都需要声卡的支持。

2. 输入设备

常用的输入设备主要有键盘、鼠标、扫描仪等。

(1) 键盘。键盘(如图 1-20 所示)是微机系统的一个重要的输入设备，也是人机交互的一个主要媒介。通过键盘，用户可以将信息输入到计算机的存储器中，从而向计算机发出命令和输入数据。如果不安装键盘，连加电自检程序都通不过。目前，键盘已达到标准化，除笔记本外，一般 PC 用户使用的是 104 键的键盘。键盘上的按键大致可以分为四个区域：字符键区、功能键区、编辑键区和数字键区，具体可见实战 2。

图 1-20 键盘

左键　滚轮　右键

图 1-21 鼠标

(2) 鼠标。鼠标(如图 1-21 所示)是微机重要的指点式输入设备，它通过一条电缆线连接到计算机上。鼠标可以方便、准确地移动光标进行定位，是 Windows 系统界面中必不可少的输入设备。从工作原理上来看，目前使用最多的是机械鼠标和光电鼠标。机械鼠标的寿命短、精度差，但价格低廉。光电鼠标通过内部的红外光发射和接收装置来确定鼠标的位置，而且需要使用一块专用的鼠标垫，光电鼠标具有精度高、寿命长等优点，但价格高于机械鼠标。

(3) 扫描仪。扫描仪是一种光电一体化设备，属于图形式输入设备，如图 1-22 所示。人们通常将扫描仪用于各种形式的计算机图像、文稿的输入，进而实现对这些图像形式信息的显示、编辑、存储和输出。目前，扫描仪广泛应用于出版、广告制作、多媒体、图文通信等领域。

图 1-22 扫描仪

扫描仪的主要性能指标是分辨率、灰度级和色彩数。

分辨率表示扫描仪对图像细节的表现能力，通常用每英寸扫描图像所包含的像素点表示，单位为 dpi(dot per inch)，目前扫描仪的分辨率在 300～1200 dpi 之间。

灰度级表示灰度图像的亮度层次范围，级数越多说明扫描仪图像的亮度范围越大，层次越丰富。目前，大多数扫描仪的灰度级为 1024 级。

色彩数表示色彩扫描仪所能产生的颜色范围，通常用每个像素点上颜色的数据位数 bit 表示。

图形式输入设备除扫描仪之外，还有数码相机、摄像机等。现在又出现了语音和手写输入系统，可以让计算机从语音的声波和文字的形状中领会到含义。

3. 输出设备

常用的输出设备有显示器、打印机、音箱和绘图仪。

(1) 显示器。显示器是微机不可缺少的输出设备，用户通过它可以很方便地查看输入计算机的数据和图片等信息。所有显示器都有一个电源开关和一组用于调整屏幕明暗度和对比度的控制开关。按照显像管的工作原理，显示器主要分为阴极射线管显示器和液晶显示器，如图 1-23 所示。分辨率是衡量显示器性能优劣的指标之一，分辨率越高，显示的图片越清晰。

(a) 阴极射线管显示器　　　　　　　　　(b) 液晶显示器

图 1-23　显示器

(2) 打印机。打印机是计算机系统最常用的输出设备。无论是在计算机上编辑的文档还是存储的图像等信息，如果要打印到纸上保存，就离不开打印机。打印机与计算机的连接很简单，它通过一根数据线与电脑主机机箱后面的并行接口(LPTI 接口)连接，并且通过一根电源线连接到电源插座。当前常见的打印机主要有点阵式打印机、喷墨式打印机和激光打印机，如图 1-24 所示。

(a) 点阵式打印机　　　　(b) 喷墨式打印机　　　　(c) 激光打印机

图 1-24　打印机

①　点阵式打印机。点阵式打印机也称为针式打印机，是一种机械式打印机，其工作方式是利用打印头内的点阵撞针撞击在色带和纸上，常用的针式打印机的打印头有24根针。

点阵式打印机的优点是可以使用多种纸型，耐用、价格较低、耗材(主要是打印纸和色带)价格低廉，这种打印机适合打印一般的文字信息和报表等。其缺点是打印时产生的噪音较大、分辨率较低、速度慢，不适合打印大量的文件以及打印质量要求过高的场合。

②　喷墨式打印机。喷墨式打印机是非击打式打印机，近几年发展速度非常快。喷墨式打印机没有打印头，通过喷墨管将墨水喷到打印纸上而实现字符或图形的输出。喷墨式打印机的工作方式有固体喷墨和液体喷墨两种，当前市场上的主流产品都是液体喷墨打印机。

喷墨式打印机的优点是打印时无噪音，其打印速度介于点阵式打印机和激光打印机之间，价格较低，很适合家庭使用。其缺点是耗材较贵。

③　激光打印机。激光打印机也属于非击打式打印机，其主要部件是感光鼓。感光鼓中装有碳粉，打印时感光鼓接受激光束，产生电子以吸引碳粉，再印到打印纸上。

激光打印机的优点是打印时噪声小、速度快，可以打印高质量的文字和图形，但价格较高，打印成本高。

任务四　微型计算机的软件系统

从系统组成上看，一个完整的计算机系统包括硬件系统和软件系统两部分。计算机硬件系统是指那些由电子元器件和机械装置组成的"硬"设备，如键盘、显示器、主板等，它们是计算机能够工作的物质基础。计算机软件系统是指那些能在硬件设备上运行的各种程序、数据和有关的技术资料，如 Windows 系统、数据库管理系统等。

1. 系统软件

系统软件是指管理、控制和维护计算机的各种软件，目前常见的系统软件包括操作系统、各种语言处理程序、数据库管理系统等。

(1) 操作系统。操作系统是最底层的系统软件，是每台计算机必配的系统软件。操作系统为用户提供了一个使用计算机的基础平台。操作系统实际上是一组程序，它能对计算机系统中的软硬件资源进行有效的管理和控制，合理地组织计算机的工作流程，为用户提供一个使用计算机的工作环境，起到了用户和计算机之间的接口作用。

目前，广泛使用的操作系统有 DOS、Windows、Linux 和 Unix 操作系统。

DOS(Disk Operating System)即磁盘操作系统，属于单用户、单任务磁盘操作系统。最具代表性的是微软公司推出的 MS-DOS，版本从 1.0 发展到 6.22。在 DOS 操作系统下，用户利用键盘输入命令指挥计算机工作。DOS 操作系统已经基本淘汰，现在大多数人都通过 Windows 操作和使用计算机，但初始化计算机时一般仍然使用 DOS 操作系统。

Windows 操作系统是微软公司为 PC 开发的一种窗口操作系统，它为用户提供了友好的界面，通过鼠标的操作就可以指挥计算机工作。目前，Windows 操作系统在各种微机上广泛使用。

(2) 程序设计语言。程序设计语言是人与计算机之间交换信息的工具，一般分为机器语言、汇编语言和高级语言。

机器语言：是最底层的语言，是计算机能够直接识别和执行的语言。每一条机器指令都是由 0、1 两种代码组成的。这种机器语言是属于硬件的，不同的计算机硬件，其机器语言是不同的。由于机器语言是直接针对硬件的，它的执行效率比较高。但是机器语言编写难度比较大，容易出错，而且程序的直观性比较差，不容易移植。

汇编语言：为了便于识别记忆，人们利用助记符(帮助记忆的英文缩写符号)代替机器语言中的指令代码，汇编语言和机器语言是一一对应的。由于汇编语言采用了助记符形式，它比机器语言直观，并且容易理解和记忆。用汇编语言编写的程序要依靠计算机的翻译程序(汇编程序)翻译成机器语言后方可执行。汇编语言和机器语言都是面向机器的语言，一般称之为低级语言。

高级语言：起始于 20 世纪 50 年代中期，它与人们日常熟悉的自然语言更接近，可读性强，编程方便。高级语言的显著特点是独立于具体的计算机硬件，通用性和可移植性好。目前，常用的高级语言有 C、C++、Visual Basic(VB)、Delphi(可视化 Pascal)、Java 等。用任何一种高级语言编写的程序，都要通过编译程序或解释程序翻译成机器语言，才能被计算机所识别和执行。

2. 应用软件

应用软件是专业人员为各种特定的应用目的而编制的程序，解决各种实际问题。由于计算机应用的日益普及，各个领域的应用软件也很多。

(1) 办公自动化软件。最常用、最典型的是微软公司的 Microsoft Office 软件包，因其功能强大、使用方便，已成为人们日常工作和生活不可缺少的帮手。Microsoft Office 套件有以下重要组件：

Word：文字处理软件，用于制作文字、表格以及图文混排的文档。

Excel：电子表格软件，用于制作各种数字报表和进行数据分析。

PowerPoint：文稿演示软件，用于制作多媒体幻灯片和投影片。

Outlook：信息管理软件，可管理电子邮件、安排工作日程、建立通信簿等。

Access：数据库管理软件，用于创建和维护数据管理系统。

FrontPage：用于创建、编辑和发布网页的应用程序。

PhotoDraw：照片和图像的编辑工具。

(2) 管理类软件。例如：一个单位的账目管理软件、图书管理软件、销售管理软件等。

(3) 辅助设计和辅助教学软件。例如：AutoCAD 及各种 CAI 软件等。

任务五　计算机内部信息的表示

1. 基本概念

(1) 位。位(bit)是计算机所能表示的最基本的数据单元。二进制的一位，称为 1 个 bit，它的值为 0 或 1。

(2) 字节。一个字节由 8 位二进制数字组成(1 Byte = 8 bit)。字节是信息组织和存储的基本单位，也是计算机体系结构的基本单位。

(3) KB、MB、GB、TB。计算机的存储器(内存和外存)通常是以字节数来表示容量的。

- 千字节　1 KB = 1024 B = 2^{10} B
- 兆字节　1 MB = 1024 KB = 2^{20} B
- 吉字节　1 GB = 1024 MB = 2^{30} B
- 太字节　1 TB = 1024 GB = 2^{40} B

(4) 字长。字长是 CPU 内每个命令所包含的二进制的位数。例如：8 位计算机字长为 8 位；16 位计算机(286 型)字长为 16 位；386/486 型计算机字长为 32 位；Pentium 计算机字长为 64 位，而外部交换字长仍然是 32 位，所以称为准 32 位。字长是衡量计算机运算能力的主要技术指标，字长越长，容纳位数越多，速度越快，精度越高。

2. 计算机内部信息的表示

在计算机内部，无论是指令还是数据，都是以二进制位代码的形式出现的，即便是图形、声音等这样的信息，也必须转换成二进制代码的形式。

(1) 计算机二进制信息表示的优越性。

可行性。若用十进制，需用 0、1、2、3、4、5、6、7、8、9 等不同的 10 个基数，用电子技术实现这 10 种状态很困难。而用二进制，只需用 0、1 两个基数来表示两个状态，这在硬件实现上最为容易。例如，电灯的亮和灭，晶体管的导通和截止等即可用 0 和 1 表示。

可靠性。二进制数只有两个状态，数字的转移和处理不易出错，可以提高计算机的可靠性。

简单性。二进制运算法则简单，如二进制的加法、乘法法则都只用三个，运算法则少，使计算机运算器的结构大大简化。

逻辑性。二进制仅有的两个符号 0、1 正好与逻辑代数的两个值"真"、"假"相对应，从而为计算机实现逻辑运算和逻辑判断提供了方便。

(2) 进位计数制。信息在计算机内部是用二进制数表示的，计算机常用的数制还有十进制、八进制和十六进制。按进位的原则进行计数的方法称为进位计数制。

十进制(D)。十进制是最基本的计数形式，是人们最熟悉的进制。十进制规则是：每一位数都使用 0～9 共十个数码，进位规则是逢十进一，数的位权是 10 的整数幂。例如：

$$(286.54)_{10} = 2 \times 10^2 + 8 \times 10^1 + 6 \times 10^0 + 5 \times 10^{-1} + 4 \times 10^{-2}$$

二进制(B)。二进制是计算机中使用的基本数制，在计算机中，存储、处理和传输的数据信息都使用二进制数。二进制规则是：每一位数使用 0、1 共两个数码，进位规则是逢二进一，数的位权是 2 的整数幂。例如：

$$(1010.1001)_2 = 1 \times 2^3 + 0 \times 2^2 + 1 \times 2^1 + 0 \times 2^0 + 1 \times 2^{-1} + 0 \times 2^{-2} + 0 \times 2^{-3} + 1 \times 2^{-4}$$

八进制(O)。八进制规则是：每一位数使用 0～7 共八个数码，进位规则是逢八进一，数的位权是 8 的整数幂。例如：

$$(274.53)_8 = 2 \times 8^2 + 7 \times 8^1 + 4 \times 8^0 + 5 \times 8^{-1} + 3 \times 8^{-2}$$

十六进制(H)。十六进制规则是：每一位数使用 0～9、A、B、C、D、E、F 共十六个数码，进位规则是逢十六进一，数的位权是 16 的整数幂。例如：

$$(38A.5F)_{16} = 3 \times 16^2 + 8 \times 16^1 + 10 \times 16^0 + 5 \times 16^{-1} + 15 \times 16^{-2}$$

二进制、八进制、十六进制和十进制的对应关系如表 1-2 所示。依此对应关系，可以方便地把二进制数转换为八进制数和十六进制数。

表 1-2　各种进制的对应关系

十进制	二进制	八进制	十六进制	十进制	二进制	八进制	十六进制
0	0000	0	0	8	1000	10	8
1	0001	1	1	9	1001	11	9
2	0010	2	2	10	1010	12	A
3	0011	3	3	11	1011	13	B
4	0100	4	4	12	1100	14	C
5	0101	5	5	13	1101	15	D
6	0110	6	6	14	1110	16	E
7	0111	7	7	15	1111	17	F

可以看出，采用不同的数制表示同一个数时，基数越大，则使用的位数越少。比如十进制数 15，需要 4 位二进制数来表示，而只需要 2 位八进制数来表示，也只需要 1 位十六进制数来表示。这也是为什么在程序的书写中一般采用八进制或十六进制表示数据的原因。在数制中有一个规则，就是 N 进制一定遵循"逢 N 进一"的进位规则，如十进制就是"逢十进一"，二进制就是"逢二进一"。

(3) 简单的数制转换。非十进制数转换为十进制数：按权展开相加法，二、八、十六进制的数字，只要将各位数字与它的权相乘，其积相加，和即为该进制数的十进制数。例如：

$$(110.11)_2 = 0 \times 2^0 + 1 \times 2^1 + 1 \times 2^2 + 1 \times 2^{-1} + 1 \times 2^{-2} = (6.75)_{10};$$
$$(3506.2)_8 = 6 \times 8^0 + 0 \times 8^1 + 5 \times 8^2 + 3 \times 8^3 + 2 \times 8^{-1} = (1862.25)_{10};$$
$$(0.2A)_{16} = 2 \times 16^{-1} + 10 \times 16^{-2} = (0.1640625)_{10}$$

十进制数转换为二进制数：将十进制数转换为二进制数时，可将此数分为整数部分和小数部分分别转换，然后再拼起来即可实现。

十进制整数转换为二进制数：采用除 2 取余法，用十进制整数连续除以 2，直至余数变为 0 为止。将这些余数倒着编排所形成的数即为该十进制数的二进制形式。

例如：将$(57)_{10}$转换为二进制数。

所以，$(57)_{10} = (111001)_2$。

十进制小数转换为二进制数：采用乘 2 取整法，用十进制小数连续乘以 2，直至小数部分为 0 或达到所要求的精度为止(小数部分可能永不为 0)。将得到的整数顺序编排即组成二进制的小数部分。

例如：将$(0.3125)_{10}$转换成二进制数。

$$
\begin{array}{lll}
0.3125 & \text{整数} & \text{最高位}\\
\times \quad 2 & & \\
\hline
0.625 & 0 & \\
\times \quad 2 & & \\
\hline
0.25 & 1 & \\
\times \quad 2 & & \\
\hline
0.5 & 0 & \\
\times \quad 2 & & \\
\hline
0 & 1 & \\
\end{array}
$$

所以，$(0.3125)_{10} = (0.0101)_2$。

二进制数转换为八进制数或十六进制数：以小数点为界，整数部分从右向左每三(四)位为一组，最后不足三(四)时，左边添零补足；小数部分从左向右每三(四)位为一组，最后不足三(四)位，右边添零补足，然后每一组分别用一位八(十六)进制数表示。

例如：将$(1011010.10)_2$转换成八进制数和十六进制数。

$$
\underbrace{001}_{1}\ \underbrace{011}_{3}\ \underbrace{010}_{2}\ .\ \underbrace{100}_{4}
$$

所以，$(1011010.10)_2 = (132.4)_8$。

$$
\underbrace{0111}_{5}\ \underbrace{1010}_{A}\ .\ \underbrace{1000}_{8}
$$

所以，$(1011010.10)_2 = (5A.8)_{16} = (132.4)_8$。

八进制数或十六进制数转换为二进制数：将每位八(十六)进制数用每三(四)位二进制数表示。

例如：将$(F7.28)_{16}$转换为二进制数。

$$
\begin{array}{cccc}
F & 7 & .\ 2 & 8\\
1111 & 0111 & .\ 0010 & 1000\\
\end{array}
$$

所以，$(F7.28)_{16} = (11110111.00101)_2$。

例如：将$(25.63)_8$转换为二进制数。

$$
\begin{array}{cccc}
2 & 5 & .\ 6 & 3\\
010 & 101 & .\ 110 & 011\\
\end{array}
$$

所以，$(25.63)_8 = (10101.110011)_2$。

任务六　计算机病毒

在这个互联网高速发展的时代，大量数据在不断地产生和应用，网络安全的重要性逐日显现，各种病毒和木马肆意横行，每天都有成千上万的电脑被感染，从而造成或大或小的损失。所以，对病毒及木马有一个直观的了解对当今的计算机使用人群非常重要。

1. 病毒

(1) 病毒定义。计算机病毒(Computer Virus)在《中华人民共和国计算机信息系统安全保护条例》中被明确定义，病毒指"编制者在计算机程序中插入的破坏计算机功能或者破坏数据，影响计算机使用并且能够自我复制的一组计算机指令或者程序代码"。

计算机病毒与医学上的"病毒"不同，计算机病毒不是天然存在的，是人利用计算机软件和硬件所固有的脆弱性编制的一组指令集或程序代码。它能潜伏在计算机的存储介质(或程序)里，条件满足时即被激活，通过修改其他程序的方法将自己的精确拷贝或者可能演化的形式放入其他程序中，从而感染其他程序，对计算机资源进行破坏。所谓的病毒是人为造成的，对其他用户的危害性很大。

(2) 病毒发展。第一份关于计算机病毒理论的学术工作("病毒"一词当时并未使用)来源于 1949 年由约翰·冯·诺伊曼在伊利诺伊大学的以"Theory and Organization of Complicated Automata"为题的一场演讲(后改以"Theory of self-reproducing automata"为题出版)。冯·诺伊曼在他的论文中描述一个计算机程序如何复制其自身。1980 年，Jürgen Kraus 于多特蒙德大学撰写他的学位论文"Self-reproduction of programs"。论文中假设计算机程序可以表现出如同病毒般的行为。"病毒"一词最早用来表达此意是在弗雷德·科恩(Fred Cohen)1984 年的论文《电脑病毒实验》中。1983 年 11 月，在一次国际计算机安全学术会议上，美国学者科恩第一次明确提出计算机病毒的概念，并进行了演示。1986 年年初，巴基斯坦兄弟编写了"大脑(Brain)"病毒，又被称为"巴基斯坦"病毒。1987 年，第一个电脑病毒 C-BRAIN 诞生，由巴基斯坦兄弟巴斯特(Basit)和阿姆捷特(Amjad)编写。计算机病毒主要是引导型病毒，具有代表性的是"小球"和"石头"病毒，1988 年在财政部的计算机上发现的这种病毒，是中国最早的计算机病毒。1989 年，引导型病毒发展为可以感染硬盘的病毒，典型的代表有"石头 2"。1990 年，发展为复合型病毒，可感染COM 和 EXE 文件。1992 年，发展为利用 DOS 加载文件的优先顺序进行工作，具有代表性的是"金蝉"病毒。1995 年，当生成器的生成结果为病毒时，就产生了这种复杂的"病毒生成器"，幽灵病毒流行中国。1998 年，台湾大同工学院学生刘盈豪编制了 CIH 病毒。2003 年，中国大陆地区发作最多的十个病毒，分别是红色结束符、爱情后门、FUNLOVE、QQ 传送者、冲击波杀手、罗拉、求职信、尼姆达 II、QQ 木马和 CIH。2005 年 1 月到 10 月，金山反病毒监测中心共截获或监测到的病毒达到 50 179 个，其中木马、蠕虫、黑客病毒占其中的 91%，以盗取用户有价账号的木马病毒(如网银、QQ、网游)为主，病毒多达2000 多种。2007 年 1 月，病毒累计感染了中国 80%的用户，其中 78%以上的病毒为木马、后门病毒。同年，"熊猫烧香"肆虐全球。2015 年，出现威胁最大的病毒——苹果的 Xcode ghost 病毒肆虐全球。

(3) 病毒分类。

① 系统病毒。系统病毒的前缀为 Win32、PE、Win95、W32、W95 等。这些病毒的一般共有特性是可以感染 Windows 操作系统的 *.exe 和 *.dll 文件，并通过这些文件进行传播，如 CIH 病毒。

② 蠕虫病毒。蠕虫病毒的前缀是 Worm。这种病毒的共有特性是通过网络或者系统漏洞进行传播，很大部分的蠕虫病毒都有向外发送带毒邮件、阻塞网络的特性，比如冲击波(阻塞网络)、小邮差(发带毒邮件)等。

③ 脚本病毒。脚本病毒的前缀是 Script。脚本病毒的共有特性是使用脚本语言编写，通过网页进行传播，如红色代码(Script.Redlof)。脚本病毒还会有如下前缀：VBS、Js(表明是何种脚本编写的)，如欢乐时光(VBS.Happytime)、十四日(Js.Fortnight.c.s)等。

④ 宏病毒。其实宏病毒也是脚本病毒的一种，由于它的特殊性，因此在这里单独算成一类。宏病毒的前缀是 Macro，第二前缀是 Word、Word 2010、Excel、Excel 2010 其中之一。凡是只感染 Word 2010 及以前版本 Word 文档的病毒采用 Word 2010 作为第二前缀，格式是 Macro.Word 97；凡是只感染 Word 97 以后版本 Word 文档的病毒采用 Word 作为第二前缀，格式是 Macro.Word。该类病毒的共有特性是能感染 Office 系列文档，然后通过 Office 通用模板进行传播，如著名的美丽莎(Macro.Melissa)。

⑤ 后门病毒。后门病毒的前缀是 Backdoor。该类病毒的共有特性是通过网络传播，给系统开后门，给用户电脑带来安全隐患。

⑥ 病毒种植程序病毒。这类病毒的共有特性是运行时会从体内释放出一个或几个新的病毒到系统目录下，由释放出来的新病毒产生破坏，如冰河播种者(Dropper.BingHe2.2C)、MSN 射手(Dropper.Worm.Smibag)等。

⑦ 破坏性程序病毒。破坏性程序病毒的前缀是 Harm。这类病毒的共有特性是本身具有好看的图标来诱惑用户点击，当用户点击这类病毒时，病毒便会直接对用户计算机产生破坏，如格式化 C 盘(Harm.formatC.f)、杀手命令(Harm.Command.Killer)等。

⑧ 玩笑病毒。玩笑病毒的前缀是 Joke，也称恶作剧病毒。这类病毒的共有特性是本身具有好看的图标来诱惑用户点击，当用户点击这类病毒时，病毒会做出各种破坏操作来吓唬用户，其实病毒并没有对用户电脑进行任何破坏，如女鬼(Joke.Girl ghost)病毒。

⑨ 捆绑机病毒。捆绑机病毒的前缀是 Binder。这类病毒的共有特性是病毒作者会使用特定的捆绑程序将病毒与一些应用程序如 QQ、IE 捆绑起来，表面上看是一个正常的文件，当用户运行这些捆绑病毒时，表面上会运行这些应用程序，然后隐藏运行捆绑在一起的病毒，从而给用户造成危害，如捆绑 QQ(Binder.QQPass.QQBin)、系统杀手(Binder.killsys)等。

2. 木马

(1) 木马定义。木马程序(Trojan horse program)通常称为木马、恶意代码等，是指潜伏在电脑中，可受外部用户控制以窃取本机信息或者控制权的程序。木马指的是特洛伊木马，英文叫做 "Trojan horse"，其名称取自希腊神话的特洛伊木马记。

(2) 木马发展。木马程序技术发展可以说非常迅速。至今木马程序已经经历了六代的改进：

第一代，最原始的木马程序。主要是简单的密码窃取，通过电子邮件发送信息等，具备了木马最基本的功能。

第二代，在技术上有了很大的进步，冰河是中国木马的典型代表之一。

第三代，主要改进在数据传递技术方面，出现了 ICMP 等类型的木马，利用畸形报文传递数据，增加了杀毒软件查杀识别的难度。

第四代，在进程隐藏方面有了很大改动，采用了内核插入式的嵌入方式，利用远程插入线程技术，嵌入 DLL 线程。或者挂接 PSAPI，实现木马程序的隐藏，甚至在 Windows NT/2000 下都达到了良好的隐藏效果。灰鸽子和蜜蜂大盗是比较出名的 DLL 木马。

第五代，驱动级木马。驱动级木马多数都使用了大量的 Rootkit 技术来达到在深度隐藏的效果，并深入到内核空间的，感染后针对杀毒软件和网络防火墙进行攻击，可将系统 SSDT 初始化，导致杀毒防火墙失去效应。有的驱动级木马可驻留 BIOS，并且很难查杀。

第六代，随着身份认证 UsbKey 和杀毒软件主动防御的兴起，黏虫技术类型和特殊反显技术类型木马逐渐开始系统化。前者主要以盗取和篡改用户敏感信息为主，后者以动态口令和硬证书攻击为主。PassCopy 和暗黑蜘蛛侠是这类木马的代表。

(3) 木马分类。

① 网游木马。随着网络在线游戏的普及和升温，中国拥有规模庞大的网游玩家。网络游戏中的金钱、装备等虚拟财富与现实财富之间的界限越来越模糊。与此同时，以盗取网游账号密码为目的的木马病毒也随之发展泛滥起来。网络游戏木马通常采用记录用户键盘输入、Hook 游戏进程 API 函数等方法获取用户的密码和账号。窃取到的信息一般通过发送电子邮件或向远程脚本程序提交的方式发送给木马作者。网游木马的种类和数量在国产木马病毒中首屈一指。

② 网银木马。网银木马是针对网上交易系统编写的木马病毒，其目的是盗取用户的卡号、密码，甚至安全证书。它的危害更加直接，受害用户的损失更加惨重。网银木马通常针对性较强，木马作者可能首先对某银行的网上交易系统进行仔细分析，然后针对安全薄弱环节编写病毒程序。2013 年，安全软件电脑管家截获网银木马最新变种"弼马温"，弼马温病毒能够毫无痕迹地修改支付界面，使用户根本无法察觉。通过不良网站提供假 QVOD 下载地址进行广泛传播，当用户下载这一挂马播放器文件并安装后就会中木马，该病毒运行后即开始监视用户网络交易，屏蔽余额支付和快捷支付，强制用户使用网银，并借机篡改订单，盗取财产。随着中国网上交易的普及，受到外来网银木马威胁的用户也在不断增加。

③ 下载类木马。这种木马程序的体积一般很小，其功能是从网络上下载其他病毒程序或安装广告软件。由于体积很小，下载类木马更容易传播，传播速度也更快。通常功能强大、体积也很大的后门类病毒，如"灰鸽子"、"黑洞"等，传播时都单独编写一个小巧的下载类木马，用户中毒后会把后门主程序下载到本机运行。

④ 代理类木马。用户感染代理类木马后，会在本机开启 HTTP、SOCKS 等代理服务功能。黑客把受感染计算机作为跳板，以被感染用户的身份进行黑客活动，达到隐藏自己的目的。

⑤ FTP 木马。FTP 木马打开被控制计算机的 21 号端口(FTP 所使用的默认端口)，使每一个人都可以用一个 FTP 客户端程序而不用密码来连接到受控制端计算机，并且可以进行最高权限的上传和下载，窃取受害者的机密文件。新 FTP 木马还加上了密码功能，这样，只有攻击者本人才知道正确的密码，从而进入对方计算机。

⑥ 通信软件类木马。常见的即时通信软件类木马一般有发送消息型、盗号型和传播自身型三种。

⑦ 网页点击类木马。网页点击类木马会恶意模拟用户点击广告等动作，在短时间内可以产生数以万计的点击量。病毒作者的编写目的一般是为了赚取高额的广告推广费用。此类病毒的技术简单，一般只是向服务器发送 HTTP GET 请求。

(4) 木马病毒的防范。

①　不要随意打开来历不明的邮件。现在许多木马都是通过邮件来传播的，当用户收到来历不明的邮件时请不要打开，应尽快删除。同时要加强邮件监控系统，拒收垃圾邮件。

②　不要随意下载来历不明的软件。最好是在一些知名的网站下载软件，不要下载和运行那些来历不明的软件。在安装软件之前最好用杀毒软件查看是否含有病毒，然后才进行安装。

③　及时修补漏洞和关闭可疑的端口。一些木马都是通过漏洞在系统上打开端口留下后门，以便上传木马文件和执行代码，所以在把漏洞修补上的同时，需要对端口进行检查，把可疑的端口关闭。

④　尽量少用共享文件夹。如果必须共享文件夹，则最好设置账号和密码保护。Windows系统默认情况下将目录设置成共享状态，这是非常危险的，最好取消默认共享。

⑤　运行实时监控程序。在上网时最好运行反木马实时监控程序和个人防火墙，并定时对系统进行病毒检查。

⑥　经常升级系统和更新病毒库。经常关注微软和杀毒软件厂商网站上的安全公告，这些网站通常都会及时地将漏洞、木马和更新公布出来，并在第一时间发布补丁和新的病毒库等。

 项目总结

通过本项目的学习，我们了解了计算机的分类、特点及应用领域，了解了计算机系统的基本结构，掌握了计算机的各种进位计数制及它们之间的相互转换。

 项目实战

实战 1　认 识 硬 件

操作步骤：

(1)　打开微机主机箱，对机箱内的主要部件(主板、CPU、内存、硬盘、显示卡、声卡、软驱和光驱)进行识别。

(2)　将主板上 CPU 插座的手柄拉起，拆下 CPU，重新启动计算机，观察机器启动情况。

(3)　将主板上的 CPU 插座的手柄拉起，将 CPU 的缺口标记对准插座上的缺口标记，并对准插针；然后放入 CPU，用手轻轻按下手柄，当手柄处于水平位置时将 CPU 牢牢锁住。

(4)　拆下内存条(注意：要拨开内存条插槽两端的卡销，才能拆下内存条)，重新启动计算机，观察启动情况；然后安装内存条，安装内存前先将主板上内存插槽两端的卡销掰开，再用双手握住内存的两端，同时向插槽插入，当内存条的下端完全进入到插槽后，说明内存安装正确。

(5)　拆下硬盘，观察计算机的启动效果。

(6) 拆下光驱之后，观察计算机启动效果。

(7) 分别拆下声卡、显示卡，观察效果。目前的显示卡基本都采用 AGP 插槽，主板上只有一个，颜色多为深褐色，非常容易辨认。声卡多采用 PCI 插槽，也是目前主板上提供最多的插槽。

结论：

(1) 拆下 CPU，重新启动计算机，电源指示灯亮，但是计算机不启动。这说明 CPU 是计算机的核心部件，没有 CPU，计算机便无法工作。

(2) 安装上 CPU，拆下内存条，重新启动计算机，计算机有响声报警，而且不工作。这说明没有内存，程序无处存放，计算机无法工作，内存是计算机的必选设备。

(3) 拆下硬盘，计算机正常自检后，屏幕提示无启动设备，但插入软盘系统盘后，机器便可以启动，说明硬盘是计算机的可选设备。

(4) 拆下光驱、声卡之后，计算机正常启动，说明这些都是可选设备。

(5) 拆下显卡，不能启动，并出现"嘟嘟"的蜂鸣声，说明计算机只有配备了显卡，才能显示出图像。

实战 2　指法练习

1. 键盘分区

键盘分区如图 1-25 所示。

图 1-25　键盘分区

2. 键盘中常用键位的功能

常用的键盘布局如图 1-25 所示，分为主键盘区、功能键区、编辑键区和数字键区。

(1) 主键盘区。主键盘区是键盘的主要部分，这部分与通常的打字机相同，包括 26 个英文字母 A~Z 键、10 个数字键 0~9 及其他符号键。除此之外，计算机键盘还有下列附加功能键。

空格键：当按下此键时，输入一个空格，光标后移一个字符位。

换挡键【Shift】：按下此键不放，可以切换大小写字母的输入状态。若再按数字键，则可以将数字键上方的符号输入。

控制键【Ctrl】：这个键不能单独起作用，总是与其他键同时使用。例如：按下组合键

【Ctrl】+【Alt】+【Delete】可以热启动。

转换键【Alt】：它也不能单独起作用，总是与其他键配合使用。

大写字母锁定键【Caps Lock】：这个键可将字母 A～Z 锁定为大写状态，而对其他键无影响。当处于大写锁定状态时，按住【Shift】键又会将大写状态转换回小写状态。

回车键【Enter】：在文字编辑时使用这个键，可将当前光标移至下一行首；在命令状态下使用时，可用来告诉计算机开始执行下一个命令。

退格键【Backspace】：用它可以删除当前光标前的字符，并将光标左移一个位置。

跳格键【Tab】：这个键用来将光标右移到下一个跳格位置，一般为 8 个字符间隔。

(2) 功能键区。为了给操作计算机提供方便，键盘上特意设置了几个功能键 F1～F12，它们的具体功能由操作系统或应用程序来定义，一般 F1 键作为帮助键。

释放键【Esc】：按此键退出当前操作或程序。

屏幕打印键【Print Screen】：在 DOS 状态下，同时按下【Shift】键和【Print Screen】键，将会把屏幕上显示的内容打印出来。在 Windows 状态下，按【Print Screen】键可以将屏幕上的全部内容"照相"，并装入剪切板。

屏幕锁定键【Scroll Lock】：按下此键屏幕停止滚动，直到再次按此键为止。

暂停键【Pause】：在 DOS 下，按下【Pause】键可以暂停当前操作。若同时按下【Ctrl】键和【Pause】键可以中止程序的执行。

(3) 编辑键区。

插入键【Ins】：用来转换插入和改写状态。

删除键【Del】：用来删除当前光标位置的字符。当一个字符被删除后，光标右侧的所有字符被左移一个位置。

【Home】键：按此键时光标移到本行的行首。

【End】键：按此键时光标移到本行中最后一个字符的右侧。

【PgUp】键和【PgDn】键：上翻一页和下翻一页。

光标移动键：当分别按←↑→↓时，光标将分别按箭头所指方向移动一个位置。

(4) 数字键区。按下【Num Lock】键，键盘右上角的指示灯亮，此时为数字状态，这时键的功能为输入数字和运算符号。当再按一下【Num Lock】键，指示灯灭，这时为光标控制状态，功能与光标移动键相同。

3. 输入练习

输入以下内容：

15687+24555×98654/9256-4562

655ijekl&rtmkl#oipu

euitym@sina.com

M: Kate, look! The passengers are coming from the plane, and there's Susan.

F: Which one?

M: The tall one next to the windows.

F: The one with the suitcase?

项目二　使用 Windows 7 操作系统驾驭计算机

2009 年微软推出 Windows 7 操作系统，经过多年推广，Windows XP 已成为过去的经典，Windows 7 成为现在的经典。Windows 7 是真正的 x64，其在对硬件要求、兼容性、稳定性以及安全性上都较上一个版本 Windows XP 有了长足的进步，完全适合学校与家庭等普通办公要求。

本项目通过对 Windows 7 操作系统、文件管理、控制面板等的介绍，使用户能够熟练运用 Windows 7 操作系统，能够进行文件管理、磁盘管理等复杂操作，以及复制、移动、搜索、重命名、添加字体、输入法与日期管理等日常操作。

 项目目标

➢ 熟练掌握 Windows 7 的基本操作。
➢ 熟练掌握 Windows 7 中文件管理和磁盘管理。
➢ 熟练掌握文件的创建、查看、复制、移动、删除、搜索、重命名、加密等操作。
➢ 熟练掌握 Windows 7 中资源管理器的使用。

 项目描述

小张刚刚买了一台新的微型计算机，接通电源，计算机进入了 Windows 7 操作系统。要想熟练地驾驭计算机就要从 Windows 7 操作系统入手。

 项目实施

任务一　认识 Windows 7 操作系统

【任务内容】学习安装 Windows7 系统的方法，认识 Windows 7 系统的桌面、任务栏、开始菜单。

1. Windows 7 操作系统安装配置推荐

CPU：2 GHz 及以上的多核处理器。Windows 7 包括 32 位及 64 位两种版本，安装 64 位操作系统必须使用 64 位处理器，兼容情况见表 2-1。

内存：4 GB 及以上，最低允许 2 GB。

硬盘：20 GB 以上可用空间，不要低于 16 GB。

显卡：有 WDDM1.0 驱动的支持 DirectX 9 以上级别的独立显卡。

表 2-1　处理器与系统兼容情况

系统＼处理器	32 位处理器	64 位处理器
安装 32 位系统	允许	允许
安装 64 位系统	不允许	允许

其他硬件：DVD R/RW 驱动器或者 U 盘等其他储存介质(安装使用)。

Windows 7 系统 32 位版本的硬件需求与 Windows Vista Premium Ready PC 等级相同，但 64 位版的硬件需求相当高。微软已经为 Windows 7 发布了 Windows 7 Upgrade Advisor。

Windows 7 包含 6 个版本。这 6 个版本分别为 Windows 7 Starter(初级版)、Windows 7 Home Basic(家庭普通版)、Windows 7 Home Premium(家庭高级版)、Windows 7 Professional(专业版)、Windows 7 Enterprise(企业版)和 Windows 7 Ultimate(旗舰版)，见表 2-2。

表 2-2　Windows 7 产品系列

名　称	内　容　简　介
Windows 7 Starter (初级版)	Windows 7 Starter 是微软针对 netbook 即轻便和低配置的笔记本电脑设计的，这个版本功能最少，虽然对 Aero 特效功能进行了精简，同时也不是 64 位系统，不过它可以执行任何 Windows 任务。该系统不能对桌面背景进行更换，而且没有 Windows 媒体中心和移动中心等一些功能。它主要通过系统集成或者 OEM 计算机上预装获得，同时系统对计算机的硬件也有一定的限制
Windows 7 Home Basic (家庭普通版)	Windows 7 Home Basic 是简化的家庭版，有无限应用程序、增强视觉体验，但是没有完整的 Aero 玻璃窗口效果。支持高级网络(ad-hoc 无线网络和互联网连接支持 ICS)，支持多显示器，有移动中心(Mobility Center)没有 Windows 媒体中心，缺乏 Tablet 支持，也没有远程桌面，不支持应用主题，只能加入不能创建家庭网络组(Home Group)等
Windows 7 Home Premium (家庭高级版)	Windows 7 Home Premium 在普通版上新增 Aero Glass 高级界面、高级窗口导航、改进的媒体格式支持、增强的媒体中心和媒体流(包括 Play To)、多点触摸、更好的手写识别等功能。它主要是面向家庭用户，以满足家庭娱乐需求为设计出发点，但是不支持 Windows 域、Windows XP 模式、多语言等功能
Windows 7 Professional (专业版)	Windows 7 Professional 替代 Windows Vista 下的商业版，主要面向爱好者和小企业用户，满足基本的办公开发需求，它支持加入管理网络(Domain Join)、高级网络备份等数据保护、位置感知打印技术(可在家庭或办公网络上自动选择合适的打印机)、加密文件系统、演示模式(Presentation Mode)、Windows XP 模式等功能。它拥有 64 位系统，可以支持更大内存(192GB)
Windows 7 Enterprise (企业版)	Windows 7 Enterprise 是面向企业市场的高级版本，提供一系列企业级增强功能，满足企业数据共享、管理、安全等需求。它包含 Branch 缓存、Direct Access、BitLocker、AppLocker、Virtualization Enhancements(增强虚拟化)、Management(管理)、Compatibility and Deployment(兼容性和部署)以及 VHD 引导支持等功能
Windows 7 Ultimate (旗舰版)	Windows 7 Ultimate(旗舰版)面向高端用户和软件爱好者，拥有 Windows 7 家庭高级版和 Windows 7 专业版的所有功能，当然硬件要求也是最高的。其与企业版基本是相同的产品，仅仅在授权方式及其相关应用及服务上有区别

2. 安装 Windows 7 操作系统

方法一：

(1) 在 Windows 系统下，放入购买的 Windows 7 光盘，运行 SETUP.EXE，选择"安装 Windows"。

(2) 输入在购买 Windows 7 时得到的产品密钥(一般在光盘上找)。

(3) 接受许可条款。

(4) 选择"自定义"或"升级"。

(5) 选择安装的盘符，如选择 C 盘，会提示将原系统移动至 Windows.old 文件夹，确定即可(如选择"升级"的用户跳过此步。另外，安装在其他盘会使用户的电脑变成双系统)。

(6) 到"正在展开 Windows 文件"这一阶段会重启，重启后继续安装并在"正在安装更新"这一阶段再次重启；如果是光盘用户，则会在"正在安装更新"这一阶段重启一次。

(7) 完成安装。

方法二：

(1) 按方法一中第(1)步骤进行。

(2) 在 BIOS 中设置光驱启动，选择第一项即可自动安装到硬盘第一分区。有隐藏分区的品牌机建议手动安装。

(3) 按方法一中第(3)步骤进行。

(4) 按方法一中第(4)步骤进行。

(5) 选择安装的盘符，如 C 盘，选择后如果已经备份个人数据建议单击"格式化安装"。

(6) 开始安装。

3. Windows 7 的启动与退出

计算机开机后，进入 Windows 7 的开机界面，如图 2-1 所示。选择用户并输入密码后回车，即可进入 Windows 7 桌面，如图 2-2 所示。

图 2-1　开机界面

图 2-2 Windows 7 桌面

单击 Windows 任务栏左侧的 图标，如图 2-3 所示，然后单击【关机】按钮即可退出 Windows 7 系统。

图 2-3 Windows 7 退出

4. Windows 7 的桌面与图标

"桌面"是使用计算机工作的环境界面，主要由图标、任务栏和自定义的小工具等构成，其上的图标是系统中各应用程序的快速启动按钮，双击它们可以启动相应的应用程序。通过桌面的【个性化设计】对话框可以设置桌面的相关属性，如改变桌面背景、改变图标样式，设置屏幕保护、任务栏状态以及外观效果等。

(1) 排列桌面图标。在桌面空白处单击鼠标右键，弹出桌面快捷菜单，如图 2-4 所示。

移动鼠标指向【查看】选项，在弹出级联菜单中，单击【大图标】、【小图标】、【中等图标】选中图标显示类型，选择【显示桌面图标】可在桌面见到图标；选择【自动排列图标】，当图标发生改变时将自动完成图标的排列；移动鼠标指向【排序方式】选项，在弹出级联菜单中，单击【名称】、【大小】、【项目类型】、【修改日期】可设定图标显示时的排列依据。

图 2-4　排列图标

　　知识链接——Windows 7 的桌面环境

计算机：用来查看计算机软硬件资源。

用户的文件：用户常用的所有的文档、图形和其他的文件将保存在这个文件夹中。

网上邻居：可以查看网络上其他的计算机，无论 PC 是否连接到网上，都会有这个图标。

回收站：容纳已被删除的垃圾，其间的内容可清空、可还原。

控制面板：可进行计算机的软硬件管理与设置。

Internet Explorer：网页浏览软件。

(2) 桌面小工具的设置。在桌面空白处单击鼠标右键，在弹出的桌面快捷菜单中左键单击【小工具】命令，打开【小工具】对话框，里面有【时钟】、【日历】、【天气】、【CPU 仪表盘】等小工具，如图 2-5 所示。右键单击相应的图标选择【添加】，可以在桌面上添加相应的小工具窗口。如图 2-6 所示的是悬浮在桌面的【日历】窗口。

图 2-5　小工具设置　　　　　　　　　　图 2-6　【日历】窗口

(3) 自定义图标。在桌面上单击鼠标右键，在弹出的桌面快捷菜单中左键单击【个性化】命令，打开【个性化】对话框，如图 2-7 所示。再单击【更改桌面图标】选项，打开【桌面图标设置】对话框，如图 2-8 所示。利用复选框可以设定相应图标是否出现在桌面上，起到是否隐藏系统图标的作用。

图 2-7　【个性化】对话框

选择窗口中显示的桌面上的某个图标，例如选中【计算机】，单击【更改图标】按钮，在打开的图标预览框里选中一个图标，如图 2-9 所示，单击【确定】按钮。也可以单击【浏览】按钮，应用列表以外的其他图标文件替代原有的图标。

图 2-8　【桌面图标设置】对话框

图 2-9　【更改图标】对话框

(4) 更换桌面背景。在【个性化】对话框中，直接选择【更改计算机上的效果和声音】窗口中的某个主题，立即设定桌面背景。也可以单击【桌面背景】图标，弹出【桌面背景】

对话框，然后设定图片位置，选择相应列表中的图片，或者单击【浏览】按钮，查找本地计算机上的其他图片文件，单击【保存修改】按钮，更换桌面背景。

(5) 设置屏幕保护与电源使用方案。

① 设置屏幕保护。在【个性化】对话框中，单击【屏幕保护程序】图标，打开【屏幕保护程序设置】对话框，展开屏幕保护程序列表选择"气泡"屏幕保护程序，设定程序启动的延时时间等待为 6 分钟，如图 2-10 所示。单击【确定】按钮，屏幕在无人工作状态6 分钟后，出现气泡保护状态。

图 2-10　【屏幕保护程序设置】对话框

② 设置电源使用方案。在【屏幕保护程序设置】对话框中，单击【更改电源设置】选项，可以进行"创建电源计划"、"选择关闭显示器的时间"、"更改计算机睡眠时间"等的设置，如图 2-11 所示。

图 2-11　【更改电源设置】对话框

(6) 设置窗口外观与屏幕分辨率。

① 设置窗口外观。在【个性化】对话框中，单击【窗口颜色】图标，打开【窗口颜色和外观】对话框，选择颜色，再单击左下角的【高级外观设置】选项，如图 2-12 所示，设置桌面、窗口等对象的外观风格、色彩方案以及字体大小等。

图 2-12　【窗口颜色和外观】对话框的【高级外观设置】选项

② 设置屏幕分辨率。在【个性化】对话框中，单击窗口左下角的【显示】选项，打开【显示】对话框，再单击【调整分辨率】选项，打开【屏幕分辨率】对话框，如图 2-13 所示，设置显示器的屏幕分辨率。

图 2-13　【屏幕分辨率】对话框

5. 使用任务栏和【开始】菜单

(1) 使用任务栏。Windows 任务栏位于桌面的最下方，在默认情况下，显示时钟，显示应用程序分组，隐藏不活动的图标，而且始终位于最前端。用户可以使用它上面的【开始】按钮和其他任何按钮。

在【个性化】对话框中，单击左下角的【任务栏和「开始」菜单】选项，打开【任务栏和「开始」菜单属性】对话框，再选择【任务栏】标签，如图 2-14 所示，进行相应的设置即可。如果有疑问可以单击【如何自定义任务栏】选项获得帮助，最后单击【确定】按钮。

图 2-14 【任务栏和「开始」菜单属性】对话框

 知识链接——任务栏设置

锁定任务栏：锁定任务栏的位置时，不能将其移至桌面上的新位置。

自动隐藏任务栏：鼠标移开任务栏后，任务栏隐藏不显示。

屏幕上的任务栏位置：设置任务栏的具体位置，如底部、左部、右部、顶部。

使用小图标：使用小图标形式显示快速启动按钮。

通知区域：使用自定义按钮可以选择在任务栏上出现的图标和通知，如 360 杀毒、安全卫士、声音、网络等，还能设置这些图标隐藏的状态。

(2) 使用【开始】菜单。【开始】菜单是用户使用和管理计算机的起点和大门，是最重要的操作菜单。通过它，用户几乎可以完成系统的使用、管理和维护等任何工作。

设置【开始】菜单。在【个性化】对话框中，单击左下角的【任务栏和「开始」菜单】选项，打开【任务栏和「开始」菜单属性】对话框，再选择【「开始」菜单】标签，如图 2-15 所示。单击【自定义】按钮进入【自定义「开始」菜单】对话框(注意：直接右键单击【「开始」菜单】按钮，选择【属性】也可以进入此对话框)，如图 2-16 所示。在窗口中通过复选框与选项按钮组的选择可以定义【「开始」菜单】上的图标、链接以及菜单的外观和行为，如图 2-17 所示。

图 2-15 【任务栏和「开始」菜单属性】对话框   图 2-16 【自定义「开始」菜单】对话框

在此对话框中还可以设置要显示的最近打开过的程序的数目与要显示在跳转列表中的最近使用的项目数，最后按【确定】按钮完成设置。

图 2-17 【开始】菜单

知识链接——经典【开始】菜单

所有程序：浏览可运行程序，点击则启动相应的应用程序。

常用软件菜单：包含最近访问的软件中的文档，单击可直接打开。

控制面板：可调整计算机的设置。

搜索与运行输入窗口：可输入要搜索的文件或文件夹的名称，在本地计算机进行查找，也可以通过运行对话框打开文件或运行程序。

计算机：打开【计算机】窗口。

关机：关机、重启与睡眠操作以及注销当前用户或切换用户。

关闭计算机：打开、关闭计算机对话框，可进行待机、重启动或关机操作。

应用举例 1：利用【开始】菜单启动计算器程序。

依次单击【开始】→【所有程序】→【附件】→【计算器】，打开【计算器】应用程序，像使用计算器一样，例如计算"123.5+11.7×25"的值。

应用举例 2：在 D 盘搜索 JPG 文件。

依次单击【开始】→【搜索程序和文件窗口】→输入要搜索的内容"*.jpg"，单击上方的【查看更多结果】打开搜索结果窗口，在左侧位置栏中选择"D 盘"，右侧的结果窗口就会得到搜索结果或者是包含结果的文件夹。

应用举例 3：运行 C:\Windows\System32\msxml3.dll。

方法一：依次单击【开始】→【所有程序】→【附件】→【运行】，打开【运行】命令对话框，文本框中输入"C:\Windows\System32\msxml3.dll"，按【确定】按钮即可。

方法二：在【搜索与运行输入窗口】输入 C:\Windows\System32\msxml3.dll，然后双击 msxml3.dll 即可完成运行操作。

任务二　管理 Windows 7 的文件与文件夹

【任务内容】认识 Windows 7 的文件与文件夹以及文件与文件夹的管理。

在日常的工作、生活中，编写文件、查看文件、将文件分类存档是人们每天都要面临的问题。如何创建、打开这些文件，以及对它们进行分类管理，是我们必须要掌握的知识。

1. 新建文件和文件夹

要求：在"D 盘"新建"大学军训"和"喜欢的歌"两个文件夹，并在"喜欢的歌"文件夹中新建"大陆"、"港台"文件夹；在"喜欢的歌"中创建 Word 文档，命名为"歌词"。

(1) 认识文件和文件夹。

① 文件。文件是具有某种相关信息的数据的集合。文件可以是应用程序，也可以是应用程序创建的文档，它包括文件名、文件的大小、文件类型和创建时间等。特定的文件都会用特定的图标来显示这个文件的样子，但只有安装了相应的软件，才能正确显示这个文件的图标。

② 文件命名。

· 文件名包括两部分：文件主名和文件扩展名，二者用圆点来分隔；扩展名用于表示文件的类型。常用扩展名见表 2-3。

· 文件名最多由 255 个字符组成，可以包含字母、数字、汉字和部分符号，不能包含 <、>、/、\、* 和 ? 等非法字符。其中，* 和 ? 为通配符号，* 代表任意多个字符；而 ? 代表任意一个字符，一般搜索时使用通配符号。

· 在同一存储位置，不能有文件名完全相同的文件存在。

· 文件名不区分字母的大小写。

表 2-3　常用扩展名表

扩展名	意　义	扩展名	意　义
.exe	可执行文件	.sys	系统文件
.com	命令文件	.pdf	Adobe Acrobat 文件
.docx	Word 文件	.wav 或.mp3	声音文件
.dat	数据文件	.bat	批处理文件
.txt	文本文件	.html	网页文件
.jpg	图像文件	.pptx	Powerpoint 文件
.zip 或.rar	压缩文件	.xlsx	Excel 文件

③ 文件夹。文件夹是系统组织和管理文件的一种形式。在计算机的磁盘上存储了大量的文件，为了方便文件的查找、存储和管理，用户可以将文件分门别类地存放在不同的文件夹里，并且文件夹下还可以再创建子文件夹。文件夹的命名与文件命名相同，不同的是文件夹只有名称，没有扩展名。

(2) 新建文件夹。双击【计算机】打开"D 盘"，在空白位置单击右键，在弹出的菜单中选择【新建】→【文件夹】，命名为"大学军训"；双击【计算机】打开"D 盘"，在主菜单上单击【文件】→【新建】→【文件夹】，命名为"喜欢的歌曲"，如图 2-18 所示。

图 2-18　新建文件夹

双击"喜欢的歌曲"，在如图 2-19 所示的工具栏中单击【新建文件夹】，创建名为"大陆"、"港台"的文件夹。

图 2-19　新建子文件夹

(3) 新建文件。双击 "喜欢的歌曲" 文件夹，在窗口中单击右键，在弹出的菜单中选择【新建】→【Microsoft Word 文档】，如图 2-20 所示，直接命名为 "歌词"，然后按回车键。也可以单击图 2-21 中【文件】菜单中的【重命名】，或者单击图中工具栏中的【组织】里的选项【重命名】都可以重命名该文档，当然选中该文件后左键单击文件名也能实现重命名功能，注意修改文件名时不能破坏原文件的类型。

图 2-20　新建 Word 文档

图 2-21　重命名 Word 文档

2. 选中文件和文件夹

要对文件和文件夹进行操作或者管理，首先要选中它，选中有多种情况：选中的文件和文件夹是单个还是多个；文件和文件夹排列是连续还是不连续等。

(1) 选中单个文件或文件夹。要选定单个文件或文件夹，只需用鼠标左键单击所要选定的对象即可。

(2) 选中多个连续文件或文件夹。鼠标左键单击第一个要选定文件或文件夹，按住【Shift】键，再单击最后一个文件或文件夹；或者用鼠标拖动，绘制出一个选中区，即选中多个文件或文件夹。

(3) 选中多个不连续文件或文件夹。按住【Ctrl】键，再逐个单击要选中的文件或文件夹。

(4) 选中当前窗口全部文件或文件夹。左键单击窗口中菜单【编辑】→【全选】命令，也可以单击工具栏中的【组织】里的【全选】命令选项。

3. 复制、移动文件和文件夹

要求：把【我的图片】文件夹中的文件夹和文件复制到 "D 盘" 的 "大学军训" 文件夹中。把 "大学军训" 文件夹移动到桌面。

(1) 明确复制和移动。复制是将所选文件或文件夹从某一磁盘(文件夹)拷贝到其他磁盘或同一磁盘的文件夹，若是同一文件夹，则需注意复制时的文件名不同；移动是将所选文件或文件夹从某一磁盘(文件夹)移动到另一磁盘(文件夹)中，原位置不保留源文件或文件夹。

(2) 复制文件或文件夹。打开【我的图片】文件夹，选中要复制的对象，如图 2-22 所示，然后右键单击所选内容，在快捷菜单中选择【复制】，打开目标文件夹 "D 盘" 的 "大学军训"，在窗口中单击右键，如图 2-23 所示，菜单中选择【粘贴】命令即可完成复制。

图 2-22 选中复制对象 图 2-23 粘贴复制对象

其他方法：

① 使用菜单或工具栏复制。左键单击主菜单【编辑】→【复制】，或者工具栏中的【组织】里的选项【复制】命令，或者使用快捷键【Ctrl】+【C】，均可以实现复制；然后左键单击主菜单【编辑】→【粘贴】，或者工具栏中的【组织】里的选项【粘贴】命令，或者使用快捷键【Ctrl】+【V】均可以实现粘贴。

② 鼠标拖动复制。同一磁盘中的复制，先选中对象，按【Ctrl】再拖动选定的对象到目标地；不同磁盘中的复制，直接拖动选定的对象到目标地。

(3) 移动文件或文件夹。选中要移动的对象"大学军训"文件夹，然后右键单击所选内容，在快捷菜单中选择【剪切】，返回桌面单击右键，菜单中选择【粘贴】命令即可完成移动。

其他方法：

① 使用菜单或工具栏移动。左键单击主菜单【编辑】→【剪切】，或者工具栏中的【组织】里的选项【剪切】命令，或者使用快捷键【Ctrl】→【X】，均可以实现剪切；同样左键单击主菜单【编辑】→【粘贴】，或者工具栏中的【组织】里的选项【粘贴】命令，或者使用快捷键【Ctrl】+【V】均可以实现粘贴。

② 鼠标拖动。同一磁盘中的移动，直接拖动选定的对象到目标地；不同磁盘中的移动，先选中对象，按【Shift】键再拖动到目标地。

注意：文件夹窗口选中移动或者复制的内容后，也可以利用【编辑】菜单中的【移动到文件夹】或【复制到文件夹】选项进入相应的对话框，选择目标位置后，按【复制】或【移动】按钮来实现快速的移动或复制。

4. 重命名文件和文件夹

要求：修改军训照片的文件名，并修改文件夹"大学军训"为"2014 级新生军训照片"。

(1) 使用主菜单重命名命令。选中要更名的文件或文件夹，单击主菜单【文件】→【重命名】命令，输入新名称，如"大学军训"改为"2014 级新生军训照片"。

(2) 使用右键菜单重命名命令。选中要更名的文件或文件夹，单击右键，在弹出的菜单中选择【重命名】命令，输入新名称，如"2014 级新生军训照片"。

(3) 使用鼠标单击。选中要更名的文件或文件夹，使用鼠标连续两次单击，输入新名称即可。

　知识链接——重命名

- 当文件处于打开状态时，不能对文件进行重命名操作。
- 文件重命名时，不能随便更改文件的扩展名，否则会出现文件无法识别的现象。
- 如果当前系统隐藏了扩展名，可设置其重新显示；设置方法是在文件所在的窗口中，单击主菜单【工具】→【文件夹选项】→【查看】选项卡中的【高级设置】栏，取消勾选【隐藏已知文件类型的扩展名】。

5. 删除与恢复文件和文件夹

删除不需要的文件或文件夹，释放它们所占用的磁盘空间；若不小心误删了一些文件，也能够将这些误删除的文件恢复到原来位置。

要求：删除"喜欢的歌曲"中的 "歌词.docx"文件；删除"港台"、"大陆"两个文件夹；恢复"大陆"文件夹；彻底删除"港台"文件夹。

(1) 删除文件或文件夹。

① 删除文件到【回收站】。选中文件"歌词.docx"，然后单击鼠标右键，在右键菜单中选择【删除】命令。或者选中文件"歌词.docx"，直接按键盘上的【Del】或【Delete】键删除文件。在弹出的【确认文件删除】对话框中选择【是】按钮完成删除；此时选择【否】按钮则取消本次删除操作。

② 用同样的方法选中"大陆"和"港台"文件夹，删除文件夹。在弹出的【确认文件夹删除】对话框中单击【是】按钮，即在原位置把文件夹"大陆"和"港台"删除并放入回收站，如图 2-24 所示；单击【否】按钮则放弃删除操作。

图 2-24　回收站

③ 删除文件和文件夹也可以利用任务窗格和拖曳法来进行。

(2) 恢复被删除的文件或文件夹。

① 打开【回收站】。在桌面上双击【回收站】图标，打开【回收站】窗口。

② 还原被删除文件。在【回收站】窗口中选中要恢复的"歌词.docx"文件，选择【文件】菜单中的【还原】，来还原该文件或文件夹。还可以直接单击鼠标右键，在右键菜单中选择【还原】即可，如图 2-25 所示。

图 2-25　右键还原

(3) 彻底删除。

在【回收站】中，选中"港台"文件夹，单击鼠标右键，在右键菜单中选择【删除】即可；也可选中后单击【文件】菜单中的【删除】选项实现删除。若要删除回收站中所有的文件和文件夹，则相应选择【清空回收站】。

6. 设置文件和文件夹的属性

要求：设置文件"歌词.docx"具有只读和隐藏两种属性，并设置隐藏文件不可见；设置"2014 级新生军训照片"文件夹具有共享属性；取消以上所设置的属性。

(1) 设置文件只读和隐藏。

① 打开"歌词.docx"所在文件夹，右键单击"歌词.docx"，在弹出的菜单中选择【属性】打开属性面板，勾选【只读】和【隐藏】，单击【确定】按钮，如图 2-26 所示。设置隐藏属性后，文件名以浅色显示。

② 设置隐藏文件不显示。在隐藏文件所在窗口，单击主菜单【工具】→【文件夹选项】→【查看】选项卡，选择【隐藏文件和文件夹】的【不显示隐藏的文件、文件夹和驱动器】选项，如图 2-27 所示，完成后被设置隐藏属性的文件不再显示。

图 2-26　属性设置

图 2-27　文件和文件夹隐藏属性设置

③ 在图 2-26 中，取消勾选【只读】和【隐藏】，即取消了文件只读与隐藏的属性。

(2) 设置文件夹共享。

① 打开"2014 级新生军训照片"所在文件夹，右键单击"2014 级新生军训照片"，在弹出的菜单中选择【属性】→【共享】选项卡，如图 2-28 所示。单击【共享】按钮，弹出【文件共享】对话框，选择共享的用户 Everyone，单击【添加】，再在下面的用户框里单击 Everyone，授予其权限，如图 2-29 所示，然后单击【共享】按钮后，选择网络类型，在弹出的对话框中单击【完成】，该文件夹即被共享。

图 2-28　文件夹共享属性设置　　　　　　　图 2-29　文件夹共享权限设置

注意：右键单击文件夹，直接选择【共享】选项也可以进入【文件共享】对话框。

② 取消共享属性设置。选中要取消共享的文件夹，在其对应的【文件共享】对话框中删除用户或者右键直接单击该文件夹，在弹出的菜单中选择【共享】菜单的下级菜单【不共享】，如图 2-30 所示，即取消用户的共享。

图 2-30　取消文件夹共享权限设置

任务三　使用 Windows 7 的控制面板

【任务内容】学习添加/删除输入法，添加/删除程序，添加新字体，格式化磁盘与磁盘碎片整理，添加/删除硬件和使用任务管理器。

控制面板是 Windows 图形用户界面一部分，可通过开始菜单访问。它允许用户查看并操作基本的系统设置和控制，如添加硬件，添加/删除软件，控制用户账户，更改辅助功能选项等。

1. 添加输入法

要求：添加"微软拼音输入法"、"搜狗输入法"，删除"极品五笔"、"中文繁体仓颉输入法"，并设置默认输入法为"智能 ABC"输入法。

(1) 在【开始】→【控制面板】→【控制面板】窗口中(也可以通过双击桌面上的【控制面板】快捷方式图标进入【控制面板】窗口)，单击【时钟、语言和区域设置】→【区域和语言】→【键盘和语言】→【更改键盘】→【文本服务和输入语言】对话框，如图 2-31 所示。在【常规】选项页单击【添加】按钮，打开【添加输入语言】对话框，选择已经安装的自己需要的输入法，如"微软拼音输入法 2003"，如图 2-32 所示，然后按【确定】按钮即可完成输入法的添加。

图 2-31　【文本服务和输入语言】对话框　　　　图 2-32　添加输入法

(2) 对于语言列表中没有的输入法，可以先在百度中搜索相应的安装软件，如"搜狗输入法"，下载后直接安装即可。

(3) 在打开如图 2-31 所示的【文本服务和输入语言】对话框中，选中"极品五笔"输入法，单击【删除】按钮，完成删除输入法的操作。以上述方法再一次删除"中文繁体仓颉输入法"。

(4) 在打开如图 2-31 所示的【文本服务和输入语言】对话框中，单击【默认输入语言】

下拉按钮，在弹出的列表中选择"智能 ABC"输入法，单击【确定】按钮即可。

2. 添加/删除程序

要求：学习安装应用程序 SQL Server 2008，卸载 Windows 游戏中的"扫雷"和"空当接龙"游戏和删除"360 安全卫士"应用程序。

(1) 下载"SQL Server 2008"安装程序，双击安装文件 set.exe，按步骤进行设置即可完成安装。

(2) 在【开始】→【控制面板】→【控制面板】窗口中，单击【卸载程序】→【程序和功能】对话框，在左侧列表中选择【打开或关闭 Windows 功能】，进入【Windows 功能】对话框中，如图 2-33 所示。选择【游戏】选项，取消勾选"扫雷"和"空当接龙"，完成游戏卸载。

图 2-33　Windows 游戏卸载

(3) 在【程序和功能】对话框的【卸载或更改程序】窗口中，选择列表中的【360 安全卫士】，如图 2-34 所示。单击【更改/删除】命令按钮，完成删除操作。

图 2-34　卸载应用程序

3. 添加新字体

要求：在 Internet 上下载一种字体，如"草檀斋毛泽东字体"，为系统添加新字体，并在 Word 中输入两句诗"红军不怕远征难，万水千山只等闲"应用该字体。

(1) 搜索字体。登录"百度"网站，输入"字体下载毛泽东"，单击"百度一下"，搜索到毛泽东字体下载相关链接，单击链接，进入下载页面进行字体下载。

(2) 解压字体。找到下载的字体压缩文件单击右键，在弹出的菜单中选择"解压到字体"。

(3) 安装字体。

方法一：打开控制面板，单击【外观和个性化】→【字体】，打开【字体】安装对话框，将上一步解压缩的文件"草檀斋毛泽东字.ttf"复制到字体窗口中，即可完成字体的安装，如图 2-35 所示。

(a)   (b)

图 2-35　字体安装

方法二：直接将文件"草檀斋毛泽东字.ttf"复制到文件夹 c:\\Windows\fonts 中，完成字体的安装。

(4) 应用字体。单击【开始】→【程序】→【Microsoft Office】→【Microsoft Office Word 2010】，启动 Word 文档编辑程序，输入"红军不怕远征难，万水千山只等闲"，选中该文本设置字体为"草檀斋毛泽东字体"，效果如图 2-36 所示。

图 2-36　应用字体

4. 磁盘碎片整理

磁盘存储、删除程序，时间长了就会产生磁盘碎片，此时文件不再是顺序排放，而是有空的地方就存一部分。所以，系统在读取文件时，需要花费更多的时间去查找和读取，从而减慢操作速度，而且对硬盘也有一定损伤，因此过一段时间应该进行一次碎片整理。

(1) 磁盘碎片整理。进入磁盘碎片整理程序：单击【控制面板】→【系统和安全】→选择【管理工具】中的【对磁盘进行碎片整理】，启动【磁盘碎片整理程序】对话框，选择要整理的磁盘，然后单击【磁盘碎片整理】按钮，如图 2-37 所示。

图 2-37 【磁盘碎片整理程序】对话框

注意： 单击【开始】→【所有程序】→【附件】→【系统工具】→【磁盘碎片整理程序】，也可以启动【磁盘碎片整理程序】对话框。

(2) 分析卷。【磁盘碎片整理程序】对话框中单击【分析磁盘】按钮，对卷进行分析。分析后弹出对话框会告知用户该卷中碎片文件和文件夹的百分比，以及建议是否进行碎片整理。

(3) 磁盘碎片整理配置计划。要安排整理碎片计划，可单击【磁盘碎片整理程序】对话框中的【配置计划】按钮，进入【磁盘碎片整理程序：修改计划】对话框，设置执行碎片整理程序的频率、日期、时间、磁盘，如图 2-38 所示。按【确定】按钮后即完成"磁盘碎片整理配置计划"的设置，计算机将按此计划自动完成对磁盘碎片的整理。

图 2-38 磁盘碎片整理配置计划

5. 使用任务管理器

在 Windows 7 系统下通过任务管理器可以很方便地对程序进行管理,利用任务管理器可以开启程序或关闭程序,了解 CPU、内存的使用情况等。

(1) 打开任务管理器。按下【Ctrl】+【Alt】+【Del】组合键,在打开的窗口中单击【启动任务管理器】,打开【任务管理器】对话框,但如果计算机中了病毒可能无法通过【Ctrl】+【Alt】+【Del】组合键方式打开任务管理器。也可以选择【开始】→【运行】,然后在【运行】框中输入"taskmgr"然后按回车键,单击打开菜单中的【控制面板】里的【使用任务管理器查看任务进程】,打开【Windows 任务管理器】对话框,如图 2-39 所示。

图 2-39　Windows 进程管理

(2) 关闭应用程序和进程。单击任务管理器上的【应用程序】标签,选中准备关闭的正在运行的应用程序,单击【结束任务】完成应用程序的关闭;单击任务管理器上的【进程】标签,选中需要结束的正在运行的进程,单击【结束进程】结束进程的运行,如图 2-39 所示。

(3) 开启进程。在【Windows 任务管理器】主菜中单击【文件】→【新建任务运行】。在打开的对话框输入 Powerpoint 程序文件的路径及程序文件名称 "C:\Program Files\Microsoft Office\OFFICE11\POWERPNT.EXE",如图 2-40 所示。单击【确定】按钮,开启 Powerpoint 进程,即启动 Powerpoint。注意:也可以通过【浏览】按钮直接到机器中查找需要运行的应用程序。

图 2-40　新建任务

(4) 显示计算机状态。打开 Windows 任务管理器,单击【性能】标签,如图 2-41 所示。

图 2-41　Windows 性能管理

CPU 使用率：表明当前 CPU 的使用情况，CPU 使用率 100%表示 CPU 在满负荷工作。

CPU 使用记录：绘出 CPU 使用情况的历史曲线。

PF 使用率：表明被系统使用的页面文件的量。"页"是一种操作系统对文件索引和管理的一种形式，还有"段"、"段页"式等。

物理内存(MB)：表示可用的内存大小，即计算机上安装的物理内存的大小。

核心内存(MB)：操作系统核心和设备驱动程序所使用的内存。

状态栏：显示目前进程数、CPU 使用率和物理内存使用率。

单击【资源监视器】按钮打开【资源监视器】窗口，可以实时看到系统的各种系统程序和应用程序使用资源情况，如图 2-42 所示。

图 2-42　【资源监视器】窗口

6. 设置打印机

计算机连接打印机后，只有通过添加打印机和系统驱动才能进行工作，具体做法如下：

单击【开始】→【设备和打印机】，在打开的窗口选择已安装的打印机，如图 2-43 所示。如没有可选项则只需要单击工具栏上的【添加打印机】命令，按指令完成操作即可。最后运行随机带来的打印机驱动程序，设置打印机结束。

图 2-43　设备和打印机

知识链接——Windows 7 控制面板类别

Windows 7 控制面板如图 2-44 所示。

图 2-44　控制面板

系统和安全：允许用户查看计算机状态、备份计算机、自动完成某些修复任务。

网络和 Internet：允许用户查看网络状态和任务、配置家庭组和共享设置、Internet 的常规设置(允许用户更改 Internet 安全设置、Internet 隐私设置、HTML 显示选项和多种诸如主页、插件等网络浏览器选项)。

硬件和声音：允许用户启动添加新硬件设备的向导，从硬件列表中选择或指定设备驱动程序的安装文件位置来完成硬件的添加，主要是打印机、声音和电源的管理。

用户账户和家庭安全：添加和删除用户账户，为所有用户设置家长控制，以及密码凭证管理。

外观和个性化：允许用户更改主题、更改桌面背景、调整屏幕分辨率，进行任务栏、字体和文件夹选项的设置。

时钟、语言和区域：允许用户更改存储于计算机 BIOS 中的日期、时间和时区，并通过 Internet 时间服务器同步日期和时间，改变语言和区域设置，添加输入法等设置。

轻松访问：给出用户使用 Windows 的建议设置、优化视频显示、更改鼠标工作方式、更改键盘工作方式，以及语音识别问题等的解决方案。

 项目总结

本项目由浅入深对 Windows 7 进行设置及相关操作，使我们对 Windows 7 有了更为深刻的认识，并能够更熟练地运用 Windows 7 系统。通过对 Windows 7 文件管理、控制面板的介绍，以及对文件管理、磁盘管理等复杂操作，不仅使我们摆脱了对 Windows 管理、维护的恐惧心理，而且对文件及文件夹的复制、移动、搜索、重命名以至于更复杂的操作，都会得心应手，使计算机真正成为自己工作、学习、生活的帮手。

在本项目的操作过程中，还需要注意以下几点：

① 电脑分辨率和刷新率设置要根据个人的显示器的尺寸来设置，一般的 17 寸显示器设置为 1024 × 768，笔记本 14 寸的设置为 1280 × 768。另外要注意的是电脑的刷新率设置，一般来说电脑重装了系统一般都要设置一下，不然有些会闪屏，对眼睛也不利。台式电脑刷新率一般都是设置 75 或 80，笔记本设置为 60。

② 为了防止他人在自己离开时偷窥或者窃取自己在电脑上的秘密，就要设置屏幕保护密码，这样就可以杜绝别人来操作电脑了。

③ 在自己的计算机中安装的一些特殊字体，编辑的文档内容只能在本地计算机中浏览，它的特殊效果才能显示出来；但这些文档一旦发送给别人浏览时，别人的计算机由于没有安装对应的特殊字体，就会被系统的缺省字体所替代，所以在编辑稿件的时候要小心使用。

④ 碎片整理前要先执行【分析】命令，需要整理时才整理，不要经常整理碎片容易损坏硬盘；在碎片整理时要关闭不必要的程序，只留下系统基本程序运行，并且在整理过程中不要断电。

 项目实战

实战 1　创建及修改账户

Windows 支持多用户操作，各用户之间的操作可以互不影响。不同的用户具有不同的名称和密码。输入错误的密码将不能进入 Windows 7。

要求：创建新"标准用户"账户"先生"，然后改账户名为"老先生"，设置密码"123456"，更改图片，修改用户类型为"管理员"，设置账户为由家长控制。

操作步骤：

(1) 创建新账户。单击【开始】→【控制面板】，打开【控制面板】窗口(也可以通过双击桌面上的【控制面板】快捷方式图标进入【控制面板】窗口)，选择【用户账户和家庭安全】，打开【用户账户和家庭安全】窗口，然后单击【添加或删除用户账户】，打开【管理账户】窗口，如图 2-45 所示。

图 2-45 管理账户

在【管理账户】窗口选择【创建一个新账户】，弹出一个【创建新账户】对话框，在打开的对话框中输入账户名称"先生"，类型为"标准用户"，如图 2-46 所示。单击【创建账户】按钮，即完成创建新用户，如图 2-47 所示。

图 2-46 创建新账户

图 2-47 新账户

(2) 修改账户。单击"先生"用户，进入【更改账户】窗口，如图 2-48 所示。

图 2-48　更改账户

(3) 单击【更改账户名称】为用户更改新的名称，改名为"老先生"，如图 2-49 所示。

图 2-49　更改后的新账户

(4) 单击【创建密码】为用户创建密码，密码为"123456"。

(5) 单击【更改图片】为用户更改显示图片。

(6) 单击【更改账户类型】修改用户类型，可选择"管理员"和"标准"。

(7) 单击【设置家长控制】选一个账户由家长控制。

注意：单击【删除账户】可删除一个账户。

实战 2　自定义 C 盘的页面文件大小(虚拟内存)

要求：把 C 盘的页面文件大小(虚拟内存)自定义最小值为 1024 M，最大值为 2048 M 的设置。

操作步骤：

(1) 右键单击桌面上的【计算机】图标，选择【属性】，进入【系统】对话框；也可以由【控制面板】对话框选择【系统和安全】→【系统】，进入【系统】对话框。

(2) 在弹出的窗口中选择【高级系统设置】选项，进入【系统属性】对话框，单击【性能】这一栏中的【设置】按钮，进入【性能选项】对话框。

（3）在【性能选项】对话框中选择【高级】标签，单击【更改】按钮，弹出【虚拟内存】对话框。

（4）取消勾选【自动管理所有驱动器的分页文件大小】选项，然后选择"C盘"，自定义初始大小为 1024 M，最大值为 2048 M，单击【确定】按钮完成，如图 2-50 所示。

图 2-50　虚拟内存设置

实战 3　设置回收站的工作方式

操作步骤：

（1）右键单击桌面上的【回收站】图标，选择【属性】，打开【回收站 属性】面板，如图 2-51 所示。

图 2-51　回收站属性

（2）取消勾选【显示删除确认对话框】选项。

（3）单击【本地...】，设置自定义大小的最大值。

（4）同样设置"D:"、"E:"、"F:"磁盘的自定义最大值。

（5）单击【确定】按钮，完成设置。

于是实现了将回收站属性设置为不启用【显示删除确认对话框】复选框，并指定回收站在"C:"、"D:"、"E:"、"F:"驱动器上所占用空间的最大值。

实战 4　截 屏 操 作

　知识链接——截屏操作

日常使用电脑的时候，经常需要截取屏幕上部分或全屏图片。这个截屏功能很多软件都有，比如 QQ 截屏以及一些专门的截屏软件红蜻蜓等。另外，Windows 系统本身也自带有两种截屏功能。下面介绍一下 Windows 自带的截屏功能。

(1) Windows 自身的截屏快捷键。每台电脑，不管是笔记本还是台式机，配备的键盘都有个【PrtScrnSysRq】按键，如图 2-52 所示。

(a)　　　　　　　　　　　　　　(b)

图 2-52　截屏键

按下【PrtScrnSysRq】键，打开 Windows 系统的画图工具，按粘贴(快捷键【Ctrl】+【V】)就能看到截图了，这个截屏是截取屏幕全屏画面。如同时按下键盘上【Alt】+【PrtScrnSysRq】这两个按键则可以截取当前的窗口图。

(2) 电脑系统自带截图软件。在 Windows 7 系统中，系统自带截图工具，在【开始】菜单、【附件】里可以找到。

要求：将屏幕截图，以"jpg"格式存到指定文件夹。

操作步骤：

(1) 选择【开始】→【程序】→【附件】，单击【截图工具】图标，如图 2-53 所示。

(2) 打开后，默认新建截图文件，如图 2-54 所示，鼠标为十字型，框选要截图的内容。

图 2-53　截图工具　　　　　　　　　　　图 2-54　截图窗口

(3) 截图后，可以在【文件】菜单处选择保存即可。保存窗口分别如图 2-55 和图 2-56 所示。

图 2-55 保存窗口-1

图 2-56 保存窗口-2

 技能提升

使用 Windows 7 画图工具

Windows 自带的画图程序看上去简陋不中用，常常被忽略，其实它还是可以编辑、处理图片的。比如为图片加上文字说明，对图片进行挖、补、裁剪，还支持翻转、拉伸、反色等操作。它的工具箱包括画笔、点、线框及橡皮擦、喷枪、刷子等一系列工具。画图工具具有完成一些常见的图片编辑器的基本功能，用它来处理图片，方便实用，效果也不错。

【例2-1】 绘制图画大海，效果如图2-57所示。

图 2-57 大海

说明：在深蓝色海面与浅蓝色天空交界处，一轮红日正冉冉升起，天空中飘着几朵白云，一群海鸥在欢快地飞行，几只白色的帆船悠闲地荡漾在静静的海面上。

(1) 制作背景。启动【开始】→【所有程序】→【附件】→【画图】程序，新建文档，单击主菜单上的【属性】，设置画布大小 800×600 像素，如图2-58所示。用鼠标左键单击【颜色1】按钮，再单击颜料盒 中的深蓝色，使它作为前景色，然后用鼠标左键单击【颜色2】按钮，再单击颜料盒中的浅蓝色，使其作为背景色；选择工具栏中的【形状】按钮中的"直线"工具，在画布中间靠下的地方，用鼠标拖出一条直线(拉到画布的两端)，作为蓝天和大海的分界线，在下方分界线用【形状】按钮中的矩形填充，点选颜料填充工具，在分界线下面按左键填上前景色，在分界线上面按右键填上背景色，即完成背景蓝天和大海的制作。

图 2-58 设置画布大小

(2) 绘制太阳。用鼠标左键单击【颜色 1】按钮，再单击颜料盒中的红色，选择工具栏【形状】按钮中的"椭圆"工具，在海面与天空的分界线上，用鼠标画一个正圆，然后用颜料填充工具填充红色。初升的太阳应该只露出半个，因此用选取工具将不显示的部分框选，按【Del】键将其删除。

(3) 绘制白云。用鼠标左键单击【颜色 1】按钮，再单击颜料盒中的白色，选择工具栏【形状】按钮中的"云形插图编号"工具，在蓝天上画两朵"白云"，注意分布要均匀。

(4) 绘制海鸥。用鼠标左键单击【颜色 1】按钮，再单击颜料盒中的黑色，即将前景色改为黑色，选择工具栏【形状】按钮中的"曲线"工具，在白云下面画两条短的曲线，组合成海鸥的两只翅膀，再在两只翅膀下画一短直线，即可画出海鸥，将其复制若干个，并适当修改它的大小，然后均匀粘贴到画布的各个角落。

(5) 绘制帆船。用鼠标左键单击【颜色 1】按钮，再单击颜料盒中的黑色，分别选择工具栏【形状】按钮中的"三角形"和"矩形"工具，在大海和蓝天之间画一个"帆船"，填充颜色为浅粉色。

(6) 单击【保存】按钮，在打开的对话框里选择保存类型，可以是 JPG、GIF、BMP 等文件。其中 BMP 是画图工具 生成的源文件，文件名字为"大海"，点击【保存】按钮结束画作。

【例 2-2】　制作跳跃文字，效果如图 2-59 所示。

图 2-59　跳跃文字效果

说明：在【画图】程序中，尽管我们可以将文字设置成各种颜色，给人以美的享受，但总感觉有些呆板，缺乏活力。让画布上的文字充满动感、惹人喜爱的跳跃文字效果，也是可以实现的。

(1) 启动【画图】程序，新建文档，设置【颜色 2】(背景色)为"绿色"，点选颜料填充工具 ，再单击鼠标右键使整个画布填充背景色绿色。选择文字工具 A，将鼠标移到画布中，按住鼠标左键不放，拖曳出一个虚线框，在虚线框内点一下，输入文字"跳跃"，设置字体为"楷体 _GB2312"、字号为"72 "、"粗体"，如图 2-60 所示。

(2) 选择【选择】工具，注意点选下面的【透明选择】要打钩，用鼠标框选字体，将鼠标移至框线内，按下【Shift】键，同时将字体向右上方拖动。最终效果如图 2-59 所示。

（3）此外，可以输入许多文字，也可以用选取工具将文字分别框选，按下【Shift】键不放，做出不同的效果，最后将它们组合起来。图 2-61 是一个组合的效果，你能做出来吗？试试看！

图 2-60　写入文本

图 2-61　个性文字效果

常用软件

撰写文档、统计数据和展示内容是日常工作中不可分割的部分。Microsoft Office 是目前世界范围内使用者较多的常用办公软件之一，熟练操作此款软件对提高工作效率、增强竞争力具有重要意义。

本模块以实际工作案例的形式，由浅入深讲解了 Word、Excel 和 PowerPoint 的操作方法和技巧。

项目三　Word 基本应用——制作新闻简报

Word 是美国 Microsoft 公司开发的文字处理软件，是目前世界范围内使用较多的文字处理软件之一。Word 2010 功能非常强大，使用 Word 2010 可以编辑出专业水平的报纸、书籍和宣传手册等。

本项目通过制作一张新闻简报，讲述如何利用 Word 2010 创建和编辑文档，如何进行字符格式、段落格式和页面格式的设置，同时为了增加文档的美观性，如何添加图片和艺术字等操作。

 项目目标

> ➢ 熟练掌握 Word 文档的建立、保存和打印的设置。
> ➢ 熟练掌握 Word 文档字体、段落和页面格式的设置。
> ➢ 熟练掌握 Word 文档图片和艺术字的设置。

 项目描述

小张刚刚加入了学院学生会宣传部，他接受的第一个项目就是为学院组织的计算机大赛撰写一篇新闻稿，并将新闻稿制作成美观的简报送给学院的各个部门。新闻简报如图 3-1 所示。

图 3-1　新闻简报

项目实施

<h1 style="text-align:center">任务一　初识 Word 2010</h1>

【任务内容】启动 Word 2010，并自定义快速访问工具栏。

1. 启动 Word 2010

Word 2010 的启动方式有通过【开始】菜单正常启动和通过桌面快捷图标启动两种。

(1) 通过【开始】菜单正常启动。单击 Windows 项目栏左侧的 ▣ 【开始】按钮，选择【程序】→【Microsoft Office】→【Microsoft Word 2010】，即可启动 Word，如图 3-2 所示。

(2) 通过桌面快捷图标启动，如图 3-3 所示。

图 3-2　从【开始】菜单启动 Word　　　　　　图 3-3　快捷图标启动

2. 认识 Word 2010 界面

启动 Word 2010 后，打开如图 3-4 所示的工作界面。各组成部分的名称如下。

图 3-4　Word 2010 界面

(1) 标题栏。标题栏位于 Word 2010 工作界面的最上方，显示当前文档的名字。标题栏右端有【最小化】、【最大化/还原】、【关闭】按钮。单击不同的按钮，可以对文档窗口的大小进行相应的调整。

(2) 快速访问工具栏。快速访问工具栏位于工作界面的左上角，默认情况下包含【保存】、【撤消】、【恢复】三个常用命令按钮，用户可以根据需要进行添加。单击其中的按钮就可以便捷地执行相应的操作。

(3) 菜单栏和功能选项卡。菜单栏和功能选项卡是对应关系，在菜单栏中单击相应的菜单项即会显示相应的功能选项卡，如图 3-5 所示。

图 3-5　菜单栏和功能选项卡

(4) 编辑区。编辑区也称为工作区，用于进行文字输入、文本及图片编辑的工作区域。

(5) 标尺。标尺位于文档的左方(垂直方向)和上方(水平方向)，用来查看当前页面的尺寸和页边距。水平方向的标尺还可以用来设置段落、制表、分栏及文字移动等。默认情况下初次打开 Word 2010 界面不显示标尺，如果打开【视图】选项卡，选中【标尺】选项，如图 3-6 所示，工作界面就会显示出标尺。

图 3-6　设置标尺选项

(6) 滚动条。滚动条位于文档的右方和下方，分别称做垂直滚动条和水平滚动条，单击并上下、左右拖动可以滚动文档，以便显示页面的全部内容。

(7) 状态栏和视图区。状态栏位于工作界面底端的左半部分，用于显示当前文档的相关信息，如页码、字数、当前光标在本页中的位置等。状态栏右侧是视图区，包括视图按钮组、调整页面显示比例滑块和当前显示比例等。

3. 自定义快速访问工具栏

默认情况下快速访问工具栏包含【保存】、【撤消】、【恢复】三个常用命令按钮，现在将我们常用到的【新建】、【快速打印】按钮添加到快速访问工具栏中。

(1) 单击快速访问工具栏右侧的下翻按钮，在弹出的下拉列表中单击【新建】命令，如图 3-7 所示，于是【新建】按钮就添加到快速访问工具栏中。

(2) 单击快速访问工具栏右侧的下翻按钮，在弹出的下拉列表中单击【快速打印】命令，于是【快速打印】按钮就添加到快速访问工具栏中。

图 3-7　自定义快速访问工具栏

任务二　文档的建立与操作

【任务内容】新建 Word 文档，以"简报"命名并保存到桌面上，在该文档中输入简报内容。

1. 新建 Word 文档

(1) 启动 Word 后，系统会自动创建一个名为"文档 1"的空白文档。

(2) 也可以选择【文件】里的【新建】命令，选择【空白文档】，在右窗格下方单击【创建】按钮，如图 3-8 所示。

图 3-8　创建空白文档

(3) 还可以根据已有的模板创建新文档，操作步骤见本项目技能提升部分"模板的使用"。

2. 以"简报"命名文档并保存到桌面

(1) 单击快速访问工具栏中的【保存】按钮。

(2) 或者单击【文件】中的保存命令，弹出【另存为】对话框，在【保存位置】下拉列表中选择文件的保存位置，在【文件名】中输入"简报.docx"，单击【保存】按钮，如图 3-9 所示。

图 3-9　文件保存

(3) 如果对已保存的文档进行编辑，可以选择【文件】中的【另存为】命令进行保存，该方式不会替换修改前的文档，而是将修改后的文档重新保存。

3. 录入文本

选择合适的输入法，从初始插入点开始录入文字，如图 3-10 所示。

> 全国高校计算机核心技能与信息素养大赛成功落幕
> 为了激发学生学习计算机基础知识、技能的兴趣和潜能，提高其运用信息技术解决实际问题的综合能力，从而提升学生在升学、就业、职场等方面的竞争力，我院电子信息分院于 2014 年 4 月 23 日下午在综合实训楼计算机实训室举办了我院第三届全国高等院校计算机核心技能与信息素养大赛院校赛（IC³），我院共有 100 名学生参加此次比赛。
> IC³是由微软办公软件全球认证中心推出的，国际权威的"计算机综合应用能力考核·全球标准认证（Internet and Computing Core Certification, 简称 IC³）"，它建立了全球认可的计算机应用知识与操作技能的权威评价标准，是世界上首张针对计算机和网络基本技能的认证。该标准不仅被国际众多知名院校所接受，同时还得到了政府、IT 领域、企业界和学术机构的广泛认可和支持。
> 本次大赛共分三个模块，分别为计算机基础、常用软件和网络应用与安全。比赛过程中，同学们将平时所学理论知识充分应用到实践操作中，认真完成比赛各个模块。通过本次大赛，将对成绩合格的学生颁发微软（Microsoft）认证的 IC³全科证书，并推选考试成绩优异者参加 2014 年 6 月在北京举行的全国高职高专院校计算机核心技能与信息素养大赛总决赛。
> 我校派出的代表队在全国高等院校计算机技能比赛中荣获团体二等奖，个人单项奖一等奖一名，二等奖两名，三等奖一名的喜人成绩。

图 3-10　文本内容

(1) 在输入文本之前需要选择输入法。使用【Ctrl】+【Shift】组合键可以在各种中文输入法之间进行切换；使用【Ctrl】+【空格】组合键可以从任一中文输入法直接切换到英文输入方式。在任一中文输入状态下按键盘左侧的【Caps Lock】键即为大写英文字母输入，同时再按下【Caps Lock】键下方的【Shift】键即为小写英文字母输入。

(2) 文字输入。输入文字时光标会随着文字从左到右移动，若需要重新在另一个段落输入文本，只需要按下【Enter】键，光标即可跳转到下一行。

(3) 符号的录入。将光标定位到文档中相应位置，单击【插入】选项卡中的【符号】按钮，在弹出的符号面板中将显示常用的一些符号，鼠标选中相应的符号即可，如图 3-11 所示。

图 3-11　插入符号

Word 2010 还提供了多种多样的特殊符号，例如"📖"、"☺"等。在符号面板中选择【其他符号】按钮，即打开【符号】对话框，在【字体】下拉菜单中选择相应的符号类型，从中选择你所要插入的符号，单击【插入】按钮，即可将符号插入到文档中，如图 3-12 所示。

图 3-12　插入其他符号

(4) 插入日期和时间。将光标定位到文档中相应位置，单击【插入】选项卡中的【日期和时间】命令，弹出【日期和时间】对话框，再单击选中你需要的时间模式，即可实现插入，如图 3-13 所示。

图 3-13　插入日期和时间

4. 通过复制与粘贴加快录入速度

若文档中有部分词语或句子在不同的位置经常出现，则可以利用复制和粘贴功能加快录入速度。

(1) 选择需要复制的文本，然后在【开始】选项卡【剪贴板】组中单击【复制】按钮，复制所选文本。

(2) 将光标定位到要粘贴文本的位置，在【剪贴板】组中单击【粘贴】按钮，即可粘贴文本，如图 3-14 所示。

图 3-14　复制和粘贴

(3) 也可以通过按【Ctrl】+【C】组合键和【Ctrl】+【V】组合键完成复制和粘贴操作。

(4) 还可以通过单击鼠标右键，在弹出的快捷菜单中选择【复制】和【粘贴】命令。

 知识链接——文本选择

单击【粘贴】按钮下方的下拉按钮后，弹出下拉列表中显示【粘贴选项】📝、🔲、🅰、3 个按钮，分别是"保留源格式"、"合并格式"和"只保留文本"。选择 "保留源格式"，则粘贴的文本与所复制的文本格式保持一致；选择"合并格式"，则粘贴的文本与所粘贴位置的文本格式保持一致；选择 "只保留文本"，则只复制文本而不复制文本格式。

5. 通过查找与替换修改错误

在文档编辑过程中经常会出现输入错误，如果手动查找工作量会很大，而使用查找和替换功能则会大大提高工作效率。

(1) 在【开始】选项卡【编辑】组中，单击【查找】按钮的下拉箭头选择【高级查找】，如图 3-15 所示。

图 3-15 查找选项

(2) 这时，弹出【查找和替换】对话框，在【查找内容】处输入需要查找的文本"微软"，如图 3-16 所示。

图 3-16 查找对话框

(3) 单击【替换】标签，在【替换为】处输入"Microsoft"，单击【全部替换】，如图 3-17 所示。于是，文档中的所有"微软"文本都替换为"Microsoft"。

图 3-17 替换文本

任务三 设置文字格式

【任务内容】标题设置为"黑体"、"小二"、"加粗"、"红色"、"居中"，字符间距为"加宽、2 磅"，正文设置为"宋体"、"小四"，落款日期设置为"宋体"、"小四"、"右对齐"。

1. 设置标题

(1) 选中标题"全国高校计算机核心技能与信息素养大赛成功落幕"，单击【开始】选项卡，在【字体】下拉列表中选择"黑体"，在【字号】下拉列表中选择"小二"，单击【加粗】按钮 **B**，【居中】按钮 ，在【字体颜色】按钮 **A** 下拉列表中选择"红色"。

(2) 单击【字体】组中右下角的对话框启动器按钮 ，打开【字体】对话框，单击【高级】标签，在【间距】下拉列表中选择"加宽"选项，在对应的【磅值】框中输入"2 磅"，单击【确定】按钮即可，如图 3-18 所示。

图 3-18　设置字符间距

2. 设置正文

选择正文部分，在【字体】下拉列表中选择"宋体"，在【字号】下拉列表中选择"小四"。

　知识链接——文本选择

常规方法：按住鼠标左键进行拖动，可以选定相应连续的文本。

快捷方法：将光标移到文本的左侧，当光标变为指向右上角的箭头形状时，单击鼠标，选中一行，双击鼠标选定一个段落，连续单击鼠标 3 次则选定整篇文档。

选择不连续的文本：选中任意一段文本，按住【Ctrl】键的同时拖动鼠标选择其他文本，即可同时选择多段不连续的文本。

3. 设置日期

选择日期部分，在【字体】下拉列表中选择"宋体"，在【字号】下拉列表中选择"小四"，单击【右对齐】按钮 。

也可以利用【开始】选项卡中的【剪贴板】组中的【格式刷】按钮 来实现快速的

格式复制。

　　知识链接——格式刷

　　先选择设置好格式的源文本，单击或双击【格式刷】按钮(单击只能复制应用格式一次；双击可以使用多次)，此时的鼠标指针变成格式刷形状，且已附着了原文本的格式，用它刷需要设置相同格式的文本即可。当不再使用格式刷时，需要再次单击【格式刷】按钮。

任务四　调整段落格式

　　【任务内容】正文部分设置为"两端对齐"、"首行缩进 2 个字符"，行距为"1.5 倍行距"，并且段落设置为"段前 0.5 行"、"段后 0.5 行"，落款日期设置为"段前间距 25 磅"。

　　1. 正文部分段落设置

　　(1) 选中正文部分，单击【开始】选项卡中【段落】组中右下角的对话框启动器按钮，打开【段落】对话框，选择【缩进和间距】标签，在【对齐方式】下拉列表中选择"两端对齐"，在【特殊格式】下拉列表中选择"首行缩进"选项，在【磅值】处输入"2 字符"，在【行距】下拉列表中选择"1.5 倍行距"选项，在【段前】框中选择"0.5 行"，【段后】框中输入"0.5 行"，单击【确定】按钮即可，如图 3-19 所示。

图 3-19　正文段落格式设置

　　(2) 也可以使用水平标尺快速直观地设置段落的缩进，如图 3-20 所示。左缩进控制段落左边界的位置；右缩进控制段落右边界的位置；首行缩进控制段落的首行第一个字符的起始位置；悬挂缩进控制段落中的第一行以外的其他行的起始位置。

图 3-20　段落缩进标志

使用鼠标拖动首行缩进(下三角形图标),可以设置首行缩进距离;使用鼠标拖动悬挂缩进(上三角形图标),可以设置悬挂缩进距离;使用鼠标拖动左缩进(小矩形图标),则悬挂缩进和首行缩进同时移动,可以设置左缩进距离。

2. 落款日期段落设置

将光标定位在"落款日期"段落任意处,单击【段落】组中右下角的对话框启动器按钮 ⌐┐,打开【段落】对话框,在间距【段前】框中输入"25 磅",如图 3-21 所示,单击【确定】按钮即可。

图 3-21　设置段前间距

设置好字体和段落格式后,文本显示效果如图 3-22 所示。

图 3-22　设置字体和段落格式后效果

任务五　添加图片

【任务内容】在正文插入一张准备好的名为"大赛"的图片，调整图片大小，设置图片位置，并为图片添加艺术效果。

1. 插入图片

(1) 将光标移到文档正文任意处，单击【插入】选项卡【插图】组中的【图片】按钮，如图 3-23 所示。

图 3-23　插入图片

(2) 打开【插入图片】对话框，选中"大赛"图片，单击【插入】按钮，"大赛"图片就会插入到文档中。

此时，会在 Word 2010 界面的功能选项卡处新增图片工具【格式】选项卡，如图 3-24 所示。

图 3-24　图片工具【格式】选项卡

2. 调整图片大小

(1) 单击插入的图片，图片周围出现 8 个黑色的尺寸控点。将鼠标移到图片 4 个角的任意一个尺寸控点上，这时鼠标指针变成双向箭头，按住鼠标左键并拖动直到图片大小合适为止，如图 3-25 所示。

图 3-25　拖动鼠标改变图片大小

(2) 也可以在【格式】选项卡右侧【大小】组中的【高度】和【宽度】框中输入相应的数值来准确调整图片大小,如图 3-26 所示。

图 3-26 图片高度和宽度设置

3. 为图片添加艺术效果和图片样式

(1) 选中图片,在【格式】选项卡左侧【调整】组中单击【艺术效果】按钮,在弹出的艺术效果中选择所需要的艺术效果即可,如图 3-27 所示。

图 3-27 设置图片艺术效果

(2) 选中图片,在【格式】选项卡【图片样式】组中单击下拉按钮,如图 3-28 所示。

图 3-28 【图片样式】窗口

在展开的【图片样式】中选择"映像圆角矩型"即可,如图 3-29 所示。

图 3-29 选择"映像圆角矩型"

4. 设置图片位置

(1) 选中图片，在【格式】选项卡【排列】组中单击【位置】按钮，在下拉列表中选择"顶端局右、四周型文字环绕"，如图3-30所示。

(2) 也可以通过单击【排列】组中的【自动换行】按钮，打开下拉列表选择相应的选项来对图片位置进行设置，如图3-31所示。

图3-30　设置图片位置　　　　　　　　　图3-31　设置自动换行

添加图片后文档效果如图3-32所示。

图3-32　添加图片后效果

知识链接——插图功能

Word 2010 提供了强大的插图功能，除了插入图片之外，还可以插入剪贴画、形状、SmartArt、图表等，操作过程和插入图片类似。

任务六　制作艺术字

【任务内容】在文档上方插入艺术字 "新闻稿"，将艺术字设置为艺术字样式"紫色，强调文字 4，软边缘棱台"、"隶书"、"48 号"，文本填充"渐变"、"中心辐射"，文本轮廓选择"紫色"，粗细选择"1 磅"，文本效果设置为"三维旋转"、"离轴 1 右"，文字环绕选择"顶端居中，四周型文字环绕"。

在文档下方使用艺术字插入"祝贺我院同学在大赛中取得优异成绩!"，艺术字样式选择"橙色，强调文字颜色 6，内部阴影"、"隶书"、"28 号"，文本效果设置为"转换"中的"两端远"，文字环绕选择"上下型文字环绕"。

1. 插入艺术字"新闻稿"

(1) 光标移到文档上方，单击【插入】选项卡【文本】组中的【艺术字】按钮，在弹出的艺术字面板中选择第 6 行第 4 列的艺术字样式"紫色，强调文字 4，软边缘棱台"，如图 3-33 所示。

图 3-33　选择艺术字样式

(2) 这时，弹出"请在此放置您的文字"文本框，如图 3-34 所示。直接输入"新闻稿"即可，将字体设置为"隶书"，字号设置为"48"。

图 3-34　输入艺术字文本

(3) 选中艺术字，在【格式】选项卡【艺术字样式】组中单击【文本填充】右侧的下拉按钮，在弹出的列表中选择"渐变"，在弹出的下一级列表中选择渐变效果"中心辐射"，如图 3-35 所示。

图 3-35　设置艺术字文本填充效果

(4) 在【艺术字样式】组中单击【文本轮廓】右侧的下拉按钮，在弹出的面板中选择【标准色】"紫色"，在【粗细】下拉列表中选择"1 磅"，如图 3-36 所示。

图 3-36　设置艺术字文本轮廓

(5) 在【艺术字样式】组中单击【文本效果】右侧的下拉按钮，在弹出的列表中指向【三维旋转】命令，在弹出的下一级列表中选择文字样式"离轴 1 右"，如图 3-37 所示。

(6) 单击【格式】选项卡【排列】组【位置】中的【文字环绕】按钮，选择"顶端居中，四周型文字环绕"，如图 3-38 所示。

图 3-37　设置艺术字文本效果　　　　　图 3-38　设置艺术字文字环绕方式

"新闻稿"三个字的艺术字效果如图 3-39 所示。

图 3-39　"新闻稿"艺术字效果

2. 插入艺术字"祝贺我院同学在大赛中取得优异成绩！"

(1) 光标定位到正文结尾，单击【插入】选项卡【文本】组中的【艺术字】按钮，在弹出的艺术字面板中选择第 4 行第 2 列的样式"橙色，强调文字颜色 6，内部阴影"，如图 3-40 所示。

图 3-40　选择艺术字样式

(2) 这时，弹出"请在此放置您的文字"文本框，如图 3-41 所示。直接输入"祝贺我院同学在大赛中取得优异成绩！"即可，将字体设置为"隶书"，字号设置为"28"。

祝贺我院同学在大赛中取得优异成绩！

图 3-41 输入艺术字文本

(3) 在【艺术字样式】组中单击【文本效果】右侧的下拉按钮，在弹出的列表中指向【转换】命令，在弹出的下一级列表中选择【弯曲】中的"两端远"样式(第 4 行第 4 列)，如图 3-42 所示。

(4) 单击【格式】选项卡【排列】组中的【自动换行】下拉按钮，选择"上下型环绕"，如图 3-43 所示，将艺术字拖动到文档适当位置即可。

图 3-42 设置艺术字文本效果　　　　　　　图 3-43 设置艺术字环绕方式

(5) 艺术字设置完成后，文档的显示效果如图 3-44 所示。

图 3-44 添加艺术字后文档效果

任务七　设置页面颜色

【任务内容】为页面添加"羊皮纸"填充效果。

(1) 单击【页面布局】选项卡【页面背景】组中的【页面颜色】按钮，如图 3-45 所示。

图 3-45　单击【页面颜色】按钮

(2) 在弹出的下拉列表中选择【填充效果】，这时弹出【填充效果】窗口，选择【纹理】
中的"羊皮纸"，如图 3-46 所示。

图 3-46　选择填充效果

任务八　添加页面边框

【任务内容】为文档添加样张所示的页面边框。

(1) 单击【页面布局】选项卡【页面背景】组中的【页面边框】按钮，如图 3-47 所示。

图 3-47　单击【页面边框】按钮

(2) 这时，打开【边框和底纹】对话框，在【艺术型】列表中选择边框样式，在【宽度】框中设置边框粗细，在【应用于】列表框中选择"整篇文档"，单击【确定】即可，如图 3-48 所示。

图 3-48　设置艺术型页面边框

设置页面颜色和页面边框后的文档效果如图 3-49 所示。

图 3-49　文档设置后的效果

任务九　设置页面并打印

【任务内容】设置文档的上下左右边距为"适中"，纸张方向为"纵向"，纸张大小为"A4"，并将简报打印 5 份送给相应部门。

1. 页面设置

(1) 单击【页面布局】选项卡【页面设置】组中的【页边距】下拉按钮,在弹出的下拉菜单中选择"适中",如图 3-50 所示。

(2) 单击【页面布局】选项卡【页面设置】组中的【纸张方向】下拉按钮,在弹出的下拉菜单中选择"纵向";在【纸张大小】下拉菜单中选择"A4",如图 3-51 所示。

图 3-50　设置页边距

图 3-51　设置纸张大小

2. 打印简报

单击【文件】选项卡中的【打印】命令,在右侧窗口中可以查看打印预览效果,打印【份数】设置为"5",单击【打印】按钮,如图 3-52 所示。

图 3-52　打印简报

 知识链接——双面打印

一般情况下,我们使用的打印操作都是单面的。如果用户要双面打印,需要设置打印机为双面打印。在【文件】选项卡【打印】命令的【单面打印】右侧下拉菜单中选择【手动双面打印】，就可以实现双面打印了。打印完奇数页后会弹出一个窗口，提示将纸张重新送入打印机内继续打印。

 项目实战

实战 1　利用 Word 2010 制作印章

利用 Word 2010 制作的印章效果如图 3-53 所示。

图 3-53　印章

1. 建立文档并绘制圆形

绘制圆形效果如图 3-54 所示。

图 3-54　绘制圆形

(1) 新建一个 Word 2010 文档，单击【插入】选项卡中的【形状】按钮。

(2) 在弹出的下拉列表中选择【基本形状】中的"椭圆"样式，如图 3-55 所示。按住鼠标左键拖动，在文档中插入一个正圆形，如图 3-56 所示。

图 3-55　选择"椭圆"形状

图 3-56　绘制正圆形

(3) 单击选中圆形，再单击【格式】选项卡，在【形状样式】组中单击【形状填充】右侧的下拉按钮，在弹出的下拉列表中选择【无填充颜色】，如图 3-57 所示。

图 3-57　设置无填充颜色

(4) 单击选中圆形，在【形状样式】组中单击【形状轮廓】右侧的下拉按钮，在弹出的下拉列表中选择【虚线】命令，再在弹出的下一级列表中选择"其他线条"命令，如图 3-58 所示。

图 3-58　设置形状轮廓

打开【设置形状格式】对话框，在【线型】中设置【宽度】为"5 磅"，单击【复合类型】右侧的下拉按钮，在下拉列表中选择线型样式"由粗到细"，如图 3-59 所示。

图 3-59　设置线型

(5) 单击【线条颜色】选项，选中"实线"，在【颜色】右侧的下拉按钮中设置边框颜色为"红色"，单击【关闭】按钮，如图 3-60 所示。

图 3-60　设置形状颜色

2. 添加艺术字

添加艺术字的效果如图 3-61 所示。

(1) 单击【插入】选项卡【文本】组中的【艺术字】按钮，在弹出的下拉列表中选择第 5 行第 3 列的艺术字样式，如图 3-62 所示。

图 3-61　添加艺术字效果　　　　　　　图 3-62　选择艺术字样式

(2) 在弹出的艺术字框中输入"电子信息学院"。选中艺术字，单击【艺术字样式】组中的【文本效果】按钮，在弹出的下拉列表中选择【转换】命令，在下一级列表中选择"上弯弧形"艺术字形状样式，如图 3-63 所示。

图 3-63　设置艺术字上弯弧形

(3) 将鼠标指针移到艺术字的控点上，按住鼠标左键不放拖动缩放艺术字，并按住艺术字的控点来调整弧度，如图 3-64 所示，将艺术字拖动到圆圈内。

图 3-64　插入艺术字

3. 添加五角星

(1) 单击【插入】选项卡中的【形状】按钮，在弹出的下拉列表中选择【星与旗帜】中的

【五角星】样式，拖动鼠标左键在圆形内画一个相应大小的五角星；然后单击【格式】选项卡【形状样式】组中【形状填充】右侧的下拉按钮，在弹出的下拉列表中选择【红色】；在【形状样式】组中单击【形状轮廓】右侧的下拉按钮，在弹出的下拉列表中也选择【红色】。

(2) 拖动五角星到圆中部的适当位置，将所有图形组合在一起。

实战2　制作"网页设计大赛"海报

"网页设计大赛"海报的效果如图 3-65 所示。

图 3-65　"网页设计大赛"海报

操作步骤：

(1) 新建一个 Word 文档，输入如图 3-65 所示的海报内容，将文档命名为"网页设计大赛"。

(2) 将文档字体设置为"楷体，小三号"，将"大赛主题"等部分字体设置为"黑体，加粗"。(建议利用格式刷操作)

(3) 选中第一段文本，段落设置"首行缩进，2 字符"。

(4) 为"作品要求"下方三个段落的文本添加如图 3-66 所示的项目符号。选中这三个段落，单击【开始】选项卡【段落】组中的【项目符号】按钮右侧的下拉箭头，选择如图 3-66 所示的项目符号。

(5) 文章开头添加艺术字"网页设计大赛"，字体设置为"隶书"，字号设置为"48 号"，

【艺术字样式】设置为"4 行 2 列"，【文本效果】选择【转换】中的"上弯弧"型和"上下型环绕"，适当调整艺术字大小，居中显示。

(6) 插入名为"网页"的图片文件，设置"四周型环绕"，适当调整图片大小，拖动图片到合适位置。

(7) 添加如图 3-65 所示的艺术型边框。

图 3-66　　添加项目符号

实战 3　利用 SmartArt 制作银行卡开户流程

在 Word 2010 中，系统提供了 SmartArt 图形功能，可以帮助用户在文档中轻松地绘制出列表、流程、循环以及层次结构等相关的图形对象，使文档更加形象、生动，并容易理解。图 3-67 就是利用 SmartArt 制作银行储蓄卡开户流程图。

图 3-67　　银行储蓄卡开户流程图

操作步骤：

(1) 新建一个空白文档，单击【插入】选项卡【插图】组中的【SmartArt】按钮，如图 3-68 所示。

图 3-68　单击 SmartArt 按钮

(2) 弹出【选择 SmartArt 图形】对话框，单击左侧的【流程】，在右侧【列表】中选择"圆箭头流程"，单击【确定】按钮，如图 3-69 所示。

图 3-69　【选择 SmartArt 图形】对话框

执行以上操作后，在文档中插入所选的 SmartArt 图形，效果如图 3-70 所示。

图 3-70　显示插入的 SmartArt 图形

(3) 将光标定位到第一个文本框中，输入相应的文字。采用相同方法，在其他文本框中输入相应文字，如图 3-71 所示。

(4) 如果 SmartArt 图形预设的样式数量不能满足编辑的需要，可以进行形状的插入操作。选中图形中的最后一个形状，单击鼠标右键，在弹出的快捷菜单中选择【添加形状】中的【在后面添加形状】，如图 3-72 所示。此时，在所选择的形状后面添加了新的形状。

图 3-71　输入文本　　　　　　　　　　　图 3-72　在后面添加形状

(5) 在添加的新形状中输入相应文本"领取储蓄卡"，如图 3-67 所示。

(6) 为文档添加艺术字标题"办理银行储蓄卡开户流程"。

(7) 如果想要更换 SmartArt 图形的样式，可以选中图形，单击【SmartArt 工具/设计】选项卡，在【布局】框中选择"向上箭头"样式，如图 3-73 所示。

图 3-73　更换图形样式

执行上述操作后，图形更改为如图 3-74 所示的样式。

图 3-74 显示更换后的样式

 技能提升

模 板 的 使 用

模板就是某种文档的样式和模型，每个文档都是基于模板建立的。用户在打开 Word 2010 时就启动了模板，该模板是 Word 2010 提供的普通模板，即"空白文档"模板。Word 2010 还提供了贺卡、信封、传真等多种模板，用户可以利用提供的预定义模板快速建立文档，从而节省时间，提高效率。

【例 3-1】 利用模板制作商务传真。

(1) 打开【文件】菜单选择【新建】命令，在右侧的可用模板窗口中单击鼠标选择"样本模板"，如图 3-75 所示。

图 3-75 选择模板

(2) 在弹出的【可用模板】窗口中选择"市内传真"，然后单击右侧的【创建】按钮，如图 3-76 所示。

图 3-76　选择传真模板

(3) 这时，将显示如图 3-77 中的传真模板。

图 3-77　显示传真模板

(4) 在模板相应处输入具体内容，即可形成一份传真，如图 3-78 所示。

华祥贸易有限公司

长春市高新区 163 号

0431-85511118

[键入网址]

[选取日期]

传真

收件人:尊敬的孙经理　　　　发件人:刘经理

[键入收件人公司名称]　　　　页数: [键入页数]

传真:[键入收件人传真号码]　　传真: [键入发件人传真号码]

电话: [键入收件人电话]　　　　电话: [键入发件人电话号码]

抄送:[键入文字]

答复:[键入文字]

批注:

[键入批注]

图 3-78　输入传真文本

项目四　Word 高级应用——制作个人简历

在实际工作中，对于那些不需要进行复杂数据处理的表格文档，我们可以使用 Word 来进行编辑。

本项目通过制作一份个人简历，讲述了在 Word 2010 环境下，如何制作清晰美观的表格，并对页眉、页脚的设置，封面的添加，表格的编辑等作了介绍。

 项目目标

➢ 熟练掌握封面的制作。
➢ 熟练掌握页眉、页脚的设置。
➢ 熟练掌握表格的制作。
➢ 熟练掌握邮件的合并。

 项目描述

小刘是一名面临毕业的大四学生，即将参加一次大型招聘会。面试过程中除了需要有过硬的知识储备和工作能力外，还应该让别人尽快了解自己。而简历就是个人求职的敲门砖。小刘现在的任务就是制作一份精美的求职简历。

图 4-1 所示就是小刘制作好的个人简历。

图 4-1　个人简历

项目实施

任务一　文档的建立与操作

【任务内容】新建 Word 文档，以"个人简历"命名并保存到桌面上。

(1) 启动 Word，即创建一个新的空白 Word 文档。

(2) 单击【文件】菜单的【保存】按钮，打开【另存为】对话框，在【保存位置】下拉列表框中选择"桌面"选项，再在【文件名】中输入"个人简历"，最后单击【保存】按钮。

任务二　设置页面并添加页眉页脚

【任务内容】页面大小设置为纸张"A4"、"纵向"，页边距上、下均为"2.5 厘米"，页边距左、右均为"3 厘米"，装订线位置为"上"，装订线距离为"0.5 厘米"；只在第二页的页脚位置添加页码"1"，并居中放置。

1. 页面设置

(1) 单击【页面布局】选项卡【页面设置】组中的对话框启动按钮，打开【页面设置】对话框，单击【纸张】标签，在【纸张大小】下拉列表中选择"A4"。

(2) 单击【页边距】标签，在【纸张方向】中设置"纵向"；在【页边距】区域的【上】、【下】、【左】、【右】四个位置分别录入"2.5 厘米"、"2.5 厘米"、"3 厘米"、"3 厘米"；在【装订线位置】列表中选择"上"；【装订线】调节为"0.5 厘米"，单击【确定】按钮，如图 4-2 所示。

图 4-2　【页面设置】对话框

2. 添加页眉页脚

(1) 单击【页面布局】选项卡【页面设置】组中的【分隔符】按钮，在下拉列表中选择【下一页】命令。

(2) 单击【插入】选项卡【页眉和页脚】组中的【页码】按钮，在【页码】下拉列表中，选择【设置页码格式】命令，然后打开【页码格式】对话框，设置【编号格式】以及【起始页码】，如图 4-3 所示。

图 4-3　设置【页码格式】对话框

(3) 单击【页眉和页脚】组中的【页脚】按钮，选择下拉列表中的第一项【空白页脚】，然后在【导航】组中单击【链接到前一条页眉】按钮，取消链接状态。单击【页眉和页脚】组中的【页码】按钮，在【页码】下拉列表中，选择"页面底端"命令，在其下级列表中选择"普通数字 2"命令，在第二页页面底端添加页码"1"，并居中显示。

任务三　制作个人简历封面

【任务内容】在封面录入"吉林交通职业技术学院"，字体为"隶书"，字号为"36"，"粗体"，水平居中；插入"校徽"图片并调整适当的大小及位置；添加"个人简历"艺术字，艺术字文本样式为"填充橙色-强调文字颜色 6"、字体为"隶书"、字号为"36"；在文本效果中，转换为"山形"，映像为"半映像，接触"，环绕方式为"上下型环绕"；为封面添加"姓名:"、"专业:"、"联系电话:"、"电子邮箱:"文字。

1. 输入"吉林交通职业技术学院"并设置格式

(1) 按快捷键【Ctrl】+【Home】，将插入点移动到文档的起始位置。

(2) 录入文字"吉林交通职业技术学院"，并选择文字部分。单击【开始】选项卡，在【字体】组中选择【字体】下拉按钮，在下拉列表中选择"隶书"；在【字号】下拉列表中选择"36"、"粗体"；在对齐方式上选择【水平居中】按钮 ▤。

2. 为封面添加校徽图片

(1) 单击【插入】选项卡，选择【图片】按钮命令，打开【插入图片】对话框，选中"校徽"图片，再单击【插入】。

(2) 在【图片工具格式】选项卡中，单击【排列】组中的【自动换行】按钮 ▨，在下拉列表中选择"四周型环绕"。

(3) 单击插入的图片，图片周围会出现 8 个黑色的尺寸控制点，将鼠标移到图片任意一个尺寸控制点上，鼠标指针将变成双向箭头，按住鼠标左键并拖动直到图片大小合适为止。

(4) 将鼠标放于图片上，当出现四个方向的箭头图标时拖动图片，将图片移动到合适位置，如图 4-4 所示。

图 4-4　加校徽后效果

3. 为封面添加"个人简历"艺术字

(1) 按下【Enter】键换行。

(2) 单击【插入】选项卡，在【文本】组中再单击【艺术字】按钮，在下拉列表中选择艺术字为第 6 行第 2 列的样式。在主界面中将出现"艺术字文本框"，在文本框中输入"个人简历"艺术字，选择"个人简历"艺术字，然后单击【开始】选项卡，在【字体】组中选择"隶书"，在【字号】下拉列表中选择"36"。

(3) 单击【绘图工具/格式】选项卡，在【艺术字样式】组中再单击【文本效果】按钮，在下拉列表【转换】命令的下一级列表中选择"山形"，在【映像】命令下一级列表中选择"半映像，接触"。

(4) 单击【绘图工具/格式】选项卡，在【排列】组中再单击【自动换行】按钮，在下拉列表中选择"上下环绕型"。

(5) 单击文档中的艺术字，艺术字周围会出现 8 个白色尺寸控点，将鼠标移到任意一个尺寸控点上，鼠标指针将变成双向十字箭头，按住鼠标左键并拖动艺术字到适当位置，如图 4-5 所示。

图 4-5　添加艺术字后效果

4. 添加"校园"图片

采用为封面添加校徽图片的方法为封面添加"校园"图片，效果如图 4-6 所示。

图 4-6　添加"校园"图片后效果

5. 为封面添加"姓名："、"专业："、"联系电话："、"电子邮箱："等文字

(1) 将鼠标移至下方需加文字的空白位置。

(2) 在插入点录入"姓名："之后，单击【开始】选项卡【字体】组中的【下划线】按钮，并录入"空格"；选中整行，单击【开始】选项卡【段落】组中的启动【段落】对话框按钮，打开【段落】对话框，在【缩进】中，【左侧】选择"1 厘米"，【间距】中设置【段前】为"2 行"，单击【确定】按钮；设置【字体】组中【字体】为"楷体"，【字号】为"22"。

(3) 按下【Enter】键换行，用同样的方法录入"专业："、"联系电话："、"电子邮箱："、

并使【缩进】中的【左侧】数值依次递增1厘米，完成封面文本的录入。封面效果如图4-7所示。

图4-7　封面效果

任务四　制作表格

【任务内容】录入标题"个人简历"，字体为"宋体"，字号为"一号"，字形为"粗体"，字符间距为"加宽"、"8磅"；插入"12行"、"7列"表格，合并、拆分单元格如图4-11所示。录入相应内容如图4-12所示。字体为"楷体"，字号为"小四"；最后3行"行距"为"最小值4厘米"，其他行"行距"为"最小值1厘米"。表格中的"基本情况"、"教育背景"、"基本能力"文字为"文字竖写"格式，其所在单元格底纹颜色为"白色，背景1，深色15％"，表格外框线线型为"外粗内细"。

1. 输入"个人简历"标题

(1) 按【Ctrl】+【End】组合键，将光标移动到文档第二页开始位置。

(2) 在插入点录入文字"个人简历"并选择该文本，单击【开始】选项卡【字体】组中的启动对话框按钮，打开【字体】对话框，选择"一号"、"加粗"、"宋体"，如图4-8所示。单击【高级】标签，在【间距】列表中选择"加宽"，在【磅值】中输入"8磅"，如图4-9所示。最后，单击【确定】按钮完成设置。

图4-8　【字体】选项卡对话框

图 4-9　【高级】选项卡对话框

2. 建立表格

(1) 按【Enter】键换行。

(2) 单击【插入】选项卡中的【表格】按钮 ▦ ，在下拉列表中再单击【插入表格】命令，打开【插入表格】对话框，【行数】和【列数】数分别设置为"12"和"7"，最后单击【确定】按钮，如图 4-10 所示。

图 4-10　【插入表格】对话框

3. 修改表格

(1) 选中第 1 行第 1～6 列中的 6 个单元格，单击【表格工具/布局】选项卡【合并】组中的【合并单元格】按钮 ▦ 。用同样的方法对第 5 行的第 2、3 列及第 5、6 列单元格，第 6 行的所有单元格，第 7 行的第 2～7 列单元格，第 8 行的后两个单元格，第 9 行的所有单元格，第 10 行的第 2～7 列单元格，第 11 行的第 2～7 列单元格，第 12 行的第 2～7 列单元格，第 7 列的 1～5 行单元格进行合并单元格操作，效果如图 4-11 所示。

图 4-11　合并单元格效果

知识链接——插入表格

如果需要将某个表格尺寸设置为默认的表格大小，则在【插入表格】对话框中选中"为新表格记忆此尺寸"复选框即可。

(2) 在表格对应单元格内录入相应的文字，如图 4-12 所示。

个 人 简 历

基 本 情 况						
姓 　名		性 　别		出生年月		
籍 　贯		民 　族		政治面貌		
毕业院校		专 　业		学 　历		
通信地址			电子邮箱			
教 育 背 景						
专业课程						
计算机能力		国语水平		其他语言		
个 人 能 力						
个人获奖情况						
自我评价						
求职意向						

图 4-12　表格添加文字后效果

4. 设置表格

表格的属性包括表格的行高、列宽、对齐方式及表格的位置等，这些都是表格制作过程中的常用操作。

(1) 单击表格左上角的【全选】按钮，再单击【开始】选项卡，在【字体】组中，选择"楷体"，【字号】选择"小四"；在选中的表格上单击鼠标右键，选择【表格属性】，打开【表格属性】对话框，选择【行】标签，各数值设置如图 4-13 所示，然后单击【确定】按钮；单击【表格工具/布局】选项卡，在【对齐方式】组中选择【水平居中】按钮 。

图 4-13　【表格属性】对话框

(2) 选中第 8 行所有单元格，单击【表格工具/布局】选项卡，在【单元格大小】组中选择【分布列】按钮 。

(3) 拖动选中表格最后 3 行，单击鼠标右键，选择【表格属性】，打开【表格属性】对话框，设置的各参数如图 4-14 所示。

图 4-14 【表格属性】对话框

(4) 拖动选择文字"个人获奖情况"、"自我评价"、"求职意向"，再单击【表格工具/布局】选项卡，在【对齐方式】组中选择【文字方向】按钮 ⫴、【中部居中】按钮 ⫿，改变文字方向和对齐方式。

(5) 按下【Ctrl】键，同时选中"基本情况"、"教育背景"和"基本能力"三个单元格，单击【表格工具/设计】选项卡，在【表格样式】组中单击【底纹】按钮 ⬛底纹▾，选择"白色，背景 1，深色 15%"，最后单击【确定】按钮，完成操作。

 知识链接——边框和底纹

在【边框和底纹】对话框中，打开【底纹】标签，可以为表格设置底纹效果，包含图案颜色和图案样式，设置完毕后，单击【确定】按钮，即可在表格中显示底纹。

(6) 单击表格左上角的【全选】按钮，再单击【表格工具/设计】选项卡，在【表格样式】组中单击【边框】按钮下拉箭头，选择【边框和底纹】命令，打开【边框和底纹】对话框，设置边框为"外粗内细"线型。

 项目总结

通过制作个人简历，我们学习了在 Word 文档中字符格式、页面格式的设置，对文档进行分节以及表格的制作等操作。在操作过程中，需要注意以下几点：

· 多页文档，利用节可给文档的设计带来极大的方便，在不同的节中，可以设置不同的页面格式，但一定要取消【链接到前一个页眉】按钮 ⬛。

· 表格的编辑设置可以通过【表格工具/设计】选项卡中的【表格样式】组中各按钮进行设置。

· 表格内文字要对齐，可选择【表格工具/布局】选项卡中的【对齐方式】组中按钮来控制。

• 制作不规则表格时，可用【合并单元格】和【拆分单元格】来完成。

项目实战

实战 1　制作商品单价明细表

制作的商品单价明细表效果如图 4-15 所示。

产品名称	类别	生产地	单价
电冰箱	电器	北京	2670.00
空调	电器	长沙	4560.00
工业溶剂	化工	上海	410.00
聚乙烯塑料	化工	上海	1125.00
工作椅	家具	广州	218.00
书橱	家具	北京	590.00
组合家具	家具	广州	2870.00

图 4-15　商品单价明细表效果

1. 制作表格

(1) 新建 Word 2010 文档，切换至【插入】选项卡，再单击【表格】按钮，从展开的下拉列表中单击【插入表格】选项，如图 4-16 所示。

(2) 这时，弹出【插入表格】对话框，设置【插入表格】的【列数】为"4"，【行数】为"8"，选中【固定列宽】单选按钮，设置宽度为"3.0 厘米"，单击【确定】按钮，如图 4-17 所示。

图 4-16　插入表格

图 4-17　【插入表格】对话框

(3) 返回文档界面，此时可看见插入的 8 行 4 列表格，在表格中输入产品名称、类别、生产地和单价数据。

(4) 选中整个表格，切换至【表格工具/设计】选项卡，单击【表格样式】组中的【其他】按钮，从展开的库中选择"浅色列表-强调文字颜色 4"样式，如图 4-18 所示。

图 4-18　表格样式

(5) 在【表格样式选项】组中勾选【镶边列】复选框，取消勾选【镶边行】复选框。

2. 编辑表格样式

(1) 此时可看见套用表格式并设置表格样式选项后的商品单价明细表样式的变化。

(2) 再次选中整个表格，切换至【开始】选项卡，在【段落】组中单击【居中】按钮。

实战 2　制作公司组织结构图

制作的公司组织结构图如图 4-19 所示。

图 4-19　公司组织结构图

1. 插入 SmartArt 图形

(1) 新建 Word 文档，切换至【插入】选项卡，单击【SmrtArt】按钮，如图 4-20 所示。

(2) 这时，弹出【选择 SmartArt 图形】对话框，单击【层次结构】选项，如图 4-21 所示。

图 4-20　单击【SmartArt】按钮

图 4-21　单击【层次结构】选项

在右侧双击第一行第一个【组织结构图】选项。返回文档界面，可看见插入的 SmartArt 图形，如图 4-22 所示。选中右下角的形状，按【Delet】键将其删除，如图 4-23 所示。

图 4-22　插入的 SmartArt 图形

图 4-23　删除后的 SmartArt 图形

(3) 切换至【SmartArt 工具/设计】选项卡，单击【添加形状】按钮，如图 4-24 所示。在展开的下拉列表中单击【在下方添加形状】选项，可看见添加的形状出现在被选定中图形的下方，如图 4-25 所示。

图 4-24　【添加形状】按钮

图 4-25　在下方出现添加的形状

2. 在形状上输入文本并编辑图形

(1) 用相同的方法按照题中的图形添加形状。添加后单击【展开/折叠】按钮，如图 4-26 所示。这时，弹出【文本】窗格，在窗格中分别输入不同级别的形状所对应的文本，输完后可在右侧看见 SmartArt 图形中的文本也发生了对应的改变，如图 4-27 所示。

图 4-26　单击【展开/折叠】按钮

图 4-27　SmartArt 图形中的文本

(2) 然后，切换至【SmartArt 工具/设计】选项卡，在【布局】组中单击【其他】按钮，在展开的库中选择"姓名和职务组织结构图"布局。

(3) 单击【SmartArt 样式】组中的【更改颜色】按钮，在展开的库中选择"彩色范围-强调文字颜色 3~4"样式。再单击【SmartArt 样式】组中的【其他】按钮，在展开的库中选择"强列效果"样式，可看见最终的效果图。

实战 3　Word 屏幕截图

(1) 在指定位置插入自动截图。将光标置于要插入窗口图片的位置，在【插入】选项卡和【插图】组中单击【屏幕截图】按钮，从展开的下拉列表中选择自动截取的窗口图片。此时，可在文档中看见所选的窗口图片已插入文档中。

(2) 在指定的位置插入手动截图。将光标置于文档中需要插入截图的位置，单击【屏幕截图】按钮，在展开的下拉列表中单击【屏幕剪辑】选项。此时，鼠标指针呈十字状，将指针移至开始截图的位置，按住鼠标左键并拖动鼠标，拖至合适位置处释放鼠标左键，即可看见所截取的图片被插入到了文档中。

 技能提升

邮　件　合　并

邮件合并是进行批量文档制作的工具。具体地说，就是在邮件文档内容中合并一些收件人姓名、称呼及地址等可变的信息，从而批量生成需要发送的邮件文档。例如，对于大量的商务信函，如果一封封手动填写，既费时费力，又容易出错。对这类问题使用邮件合并功能则可大大提高工作效率和准确度。下面以批量制作聘书为例，介绍一下邮件合并的操作方法。

操作步骤：

(1) 首先制作"聘用教授名单"文件并保存在电脑中，如图 4-28 所示。新建 Word 文档，创建"聘书"，如图 4-29 所示。

	A	B
1	姓名	联系方式
2	刘海	158****2565
3	李龙	159****6585
4	赵军	134****5514
5	罗源	159****2635
6	李田	159****8965
7	周昌	131****4528
8	郑贡	159****3268

图 4-28　聘用教授名单　　　　　　　图 4-29　聘书

(2) 在"聘书"Word 文档中，切换至【邮件】选项卡，单击【开始邮件合并】按钮，在展开的下拉列表中单击【邮件合并分布向导】选项，如图 4-30 所示。在【邮件合并】任务窗格中选中【信函】单选按钮，单击【下一步：正在启动文档】链接，如图 4-31 所示。

図 4-30　单击【邮件合并分布向导】　　图 4-31　【邮件合并】任务窗格

（3）切换至【选择开始文档】界面，选中【使用当前文档】单选按钮，单击【下一步：选取收件人】链接，如图 4-32 所示。切换至【选择收件人】界面，选中【使用现有列表】单选按钮，单击【浏览】链接，如图 4-33 所示。找到先前保存在电脑中的"聘用教授名单"，选择并单击【打开】按钮。

图 4-32　选取收件人　　　　　图 4-33　打开"聘用教授名单"

（4）弹出【选择表格】对话框，在列表框中选择含有收件人信息的工作表，如选择【Sheet1$】，然后单击【确定】按钮，如图 4-34 所示。随后，弹出【邮件合并收件人】对话框，此时可看见导入的收件信息，如图 4-35 所示。

图 4-34　【选择表格】对话框　　　图 4-35　【邮件合并收件人】对话框

(5) 单击【确定】按钮，返回【邮件合并】任务窗格，直接单击【下一步：撰写信函】链接，如图 4-36 所示。在文档界面中选中代替受聘人姓名的文本 "XXX"，然后在【邮件合并】任务窗格中单击【其他项目】链接，如图 4-37 所示。

图 4-36　单击【下一步：撰写信函】　　　　　图 4-37　单击【其他项目】

(6) 弹出【插入合并域】对话框，在【域】列表框中选择【姓名】选项，单击【插入】按钮，如图 4-38 所示。此时，可在文档主界面中看见代替受聘人姓名的文本 "XXX" 变成了可变内容 "《姓名》"。

图 4-38　【插入合并域】对话框

(7) 返回【邮件合并】任务窗格，直接单击【下一步：预览信函】链接。此时，可在文档界面中看见 "姓名" 文本变成了第一个收件人的姓名 "刘海"，在【邮件合并】任务窗格中单击【后翻】按钮，可看见其他收件人的姓名，预览完毕后在【邮件合并】任务窗格中单击【下一步：完成合并】链接，完成操作。

项目五　Word 综合应用——制作宣传海报

在日常工作、学习中经常利用计算机排版文件、简报、海报、请柬、贺卡等电子文稿，这些文档在排版中的个性创意、整体布局、艺术效果等都决定了文稿的最终成败，综合利用各项功能是排版设计的重要内容。

本项目通过制作一份图文并茂、内容丰富的宣传海报，讲述了如何利用文本框、分栏、表格等功能对文档排版设计，从而提升对办公软件的综合应用能力。

 项目目标

➢ 熟练掌握 Word 文档的分栏设置。
➢ 熟练掌握 Word 文档文本框的设置。
➢ 熟练掌握 Word 文档的图文混排。

 项目描述

小王进入某广告公司实习，到岗位后的第一项工作就是要制作一期"魅力中国"的宣传海报。经过几天的精心设计小王制作出了海报，效果如图 5-1 所示。

图 5-1　宣传海报

 项目实施

任务一　文档的建立与操作

【任务内容】新建 Word 文档，以"魅力中国宣传海报"命名并保存到桌面上。

(1) 单击【文件】菜单里的【新建】命令，选择【空白文档】，在窗格右下方单击【创建】按钮。

(2) 单击快速访问工具栏中的【保存】按钮，打开【另存为】对话框，在【保存位置】下拉列表中选择【桌面】选项，然后在【文件名】中输入"魅力中国宣传海报"，单击【保存】按钮。

任务二 页面设置

【任务内容】页面大小设置为"A4"、"横向"，页边距左、右均为"2.5厘米"，上、下均为"2厘米"；页面边框为"艺术型"，宽度为"25磅"，边距的测量基准为"页边"，上、下、左、右各"4磅"；页面背景色为"浅黄色"。页面设置效果如图5-2所示。

图 5-2 页面设置效果

1. 页面布局设置

(1) 单击【页面布局】选项卡，再单击【页面设置】组中【页面设置】对话框启动器按钮，打开【页面设置】对话框。

(2) 单击【纸张】标签，设置【纸张大小】为A4。

(3) 单击【页边距】标签，在【纸张方向】中设置【横向】，【页边距】中【上】、【下】均为"2厘米"，【左】、【右】均为"2.5厘米"，单击【确定】按钮，如图5-3所示。

图 5-3 【页面设置】对话框

2. 页面格式设置

(1) 单击【页面背景】组的【页面边框】按钮，打开【边框和底纹】对话框的【页面边框】标签，在【艺术型】下拉列表中选择如图 5-2 所示的边框样式，设置【宽度】为"25 磅"，如图 5-4 所示。

图 5-4 【边框底纹】对话框

(2) 单击【页面边框】标签右下角【选项】按钮，打开【边框和底纹选项】对话框，选择【测量基准】选项中的【页边】，设置【边距】的【上】、【下】、【左】、【右】各"4 磅"(如图 5-5 所示)，单击【确定】按钮关闭【边框和底纹选项】对话框，再单击【边框和底纹】对话框中的【确定】按钮。

图 5-5 【边框和底纹选项】对话框　　　　图 5-6 【其他颜色】命令

(3) 单击【页面背景】组的【页面颜色】按钮 ，选择【其他颜色】命令，如图 5-6 所示。于是，打开【颜色】对话框，选择 "浅黄色" 色块，如图 5-7 所示，单击【确定】按钮。修改后的页面效果如图 5-2 所示。

图 5-7　【颜色】对话框

任务三　添 加 尾 注

【任务内容】在该文档中输入小报内容；为第二段 "琵鹭" 二字添加尾注，尾注标识符号为 "①"，并 "应用整篇文档"，尾注的内容为 "琵鹭：琵鹭是一种候鸟，体长 60～95 厘米。体长约 60～80 公分(24～32 吋)"。

尾注效果如 5-8 所示。

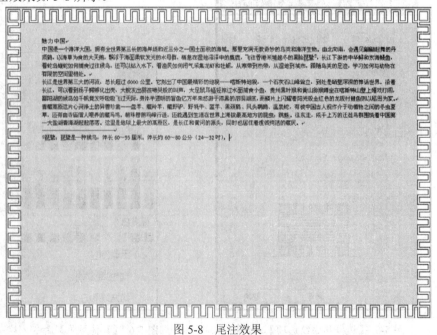

图 5-8　尾注效果

1. 录入文本

选择合适的输入法，从初始插入点开始录入如图 5-9 所示的文字。

2. 添加尾注

(1) 拖动选择第二段中的"琵鹭"两个字，单击【引用】选项卡，再单击【脚注】组的右下角对话框启动器按钮 🔲，打开【脚注和尾注】对话框。

魅力中国

中国是一个海洋大国，拥有全世界第三长的海岸线和近三分之一国土面积的海域。那里充满无数奇妙的鸟类和海洋生物。由北向南，会遇见翩翩起舞的丹顶鹤，以海草为食的大天鹅，飘浮于海面柔软发光的水母群，栖息在湿地沼泽中的麋鹿，飞往香港米埔越冬的黑脸琵鹭，长江下游的中华鲟和东海鳗鱼，看蛇岛蝮蛇如何捕食过往候鸟，还可以钻入水下，看渔民如何闭气采集龙虾和牡蛎。从寒带到热带，从湿地到城市，跟随鸟类的足迹，学习如何与动物在有限的空间里相处。

长江是世界第三大的河流，总长超过 6000 公里。它刻出了中国最精彩的地貌——喀斯特地貌，一个石灰石山峰耸立，到处是峭壁深洞的神话世界。沿着长江，可以看到扬子鳄孵化出壳，大鲵发出婴孩啼哭般的叫声，大足鼠耳蝠轻掠过水面捕食小鱼，贵州黑叶猴和黄山猕猴蹲坐在喀斯特山壁上嬉戏打闹，鄱阳湖的候鸟如千帆竞发呼啦啦飞过天际，身体半透明的盲鱼亿万年来悠游于漆黑的溶洞湖底，而鳞片上闪耀着阳光般金红色的龙现村鲤鱼则以稻田为家。

青藏高原这片心灵净土的异兽珍禽——盘羊、藏羚羊、藏野驴、野牦牛、蓝羊、黑颈鹤、凤头鹂鹛、温泉蛇，有被中国古人视作介于动植物之间的冬虫夏草，还有由寺庙僧人喂养的藏马鸡。朝珠穆朗玛峰行进，还能遇到生活在世界上海拔最高地方的昆虫：跳蛛。往东走，成千上万的迁徙鸟群围绕着中国第一大盐湖青海湖起起落落。这里是地球上最大的高原区，是长江和黄河的源头，同时也居住着虔诚纯洁的藏民。

图 5-9　录入文本内容

(2) 单击【位置】区域的【尾注】选项，在【格式】的【编号格式】下拉列表中选择"①"样式，在【应用更改】的【将更改应用于】下拉列表中选择"整篇文档"，然后单击【插入】按钮，如图 5-10 所示。

图 5-10　【脚注和尾注】对话框

(3) 将光标放置在文档最后的尾注区域，录入文本"琵鹭：琵鹭是一种候鸟，体长 60～95 厘米。体长约 60～80 公分(24～32 吋)。"，最终效果如图 5-8 所示。

　　知识链接——脚注、尾注和批注设置

　　脚注、尾注都不是文档正文，但却是文档的重要组成部分。它们在文档中的作用完全相同，都是对文档中文本的补充说明。两种注释方法的生成、修改、编辑方法完全相同，不同之处在于它们在文档中出现的位置，还有尾注不需要分隔符。

　　批注是对文档一部分内容所做的注释。当需要对内容进行特殊的说明时，就要用到批注。单击【审阅】选项卡，在【批注】组中单击【新建批注】按钮，就可以在提示部分添加批注内容。如果对批注的内容不满意，还可以进行修改或删除。

任务四　分栏设置

【任务内容】全文字体均为"楷体"、"小四"，将第三段分成两栏并加分割线。分栏设置效果如图 5-11 所示。

图 5-11　分栏设置效果

(1) 按【Ctrl】+【A】组合键选中全文，单击【开始】选项卡，在【字体】组中单击设置【字体】为"楷体"，【字号】为"小四"。

(2) 选择全文的第三段文本，单击【页面布局】选项卡，在【页面设置】组中单击【分栏】按钮，选择【更多分栏】命令，打开【分栏】对话框，设置【栏数】为"2"，勾选【分隔线】选项，单击【确定】按钮，如图 5-12 所示。

图 5-12 【分栏】对话框

任务五 首字下沉

【任务内容】设置正文行距为"1.5 倍行距",段前为"0.5 行";正文第一段文字设置为"首字下沉",下沉后字体为"华文琥珀",下沉行数为"2"行,距正文为"0.5 厘米";正文第二、三段设置首行缩进"2 个字符"。【首字下沉】及段落设置后效果如图 5-13 所示。

图 5-13 【首字下沉】及段落设置后效果

1. 设置段落

(1) 选中正文,单击【开始】选项卡,再单击【段落】组的右下角【段落】对话框启动器按钮 ，打开【段落】对话框。

(2) 然后，单击【间距与缩进】标签，在【间距】的【段前】框中录入"0.5 行"，在【行距】下拉列表中选择"1.5 倍行距"。

(3) 拖动鼠标选中正文第二、三段，单击【开始】选项卡，再单击【段落】组的右下角【段落】启动器按钮，打开【段落】对话框，设置【间距与缩进】标签中【特殊格式】为【首行缩进】，【度量值】为"2 字符"，单击【确定】按钮。

2. 设置首字下沉

(1) 光标置于正文第一段起始位置，单击【插入】选项卡，单击【文本】组【首字下沉】，在下拉列表中选择【首字下沉选项】，打开【首字下沉】对话框。

(2) 在对话框中，设置【位置】为"下沉"，【选项】中【字体】下拉列表中设置为"华文琥珀"，【下沉行数】为"2"，【距正文】为"0.5 厘米"，单击【确定】按钮，如图 5-14 所示。设置后文档效果如图 5-13 所示。

图 5-14 【首字下沉】
对话框

任务六 图 文 混 排

【任务内容】标题"魅力中国"更改为艺术字效果，设置艺术字的样式为"渐变填充-橙色，强调文字颜色 6，内部阴影"，字体为"隶书"，字号为"60"，"粗体"；艺术字的文本填充颜色为"红色"，渐变为"深色变体"中"线性向下"，阴影效果为"右上对角透视"；在标题后方有圆角矩形，矩形填充颜色为"白色"，轮廓色为"深红"色，粗细为"2.25磅"，形状效果为"发光变体"、"红色，5pt 发光，强调文字颜色 2"，位置为"顶端居中，四周型文字环绕"；插入"风景"图片，设置图片更正效果为"柔化 25%"，艺术效果为"粉笔素描"，图片样式为"圆形对角，白色"，图片宽为"7 厘米"，高为"4 厘米"，环绕方式为"四周型"，并将图片移动到合适位置。图文混排效果如图 5-15 所示。

图 5-15 图文混排效果

1. 标题设置

(1) 鼠标拖动选择标题"魅力中国"四个字，单击【插入】选项卡，选择【文本】组中【艺术字】按钮，在弹出的艺术字库中选择"渐变填充-橙色，强调文字颜色6，内部阴影"，第4行第2列。

(2) 选中艺术字文本框，单击【开始】选项卡，在【字体】组中设置【字体】为"隶书"，【字号】为"60"，再单击【粗体】按钮。

(3) 单击【绘图工具/格式】选项卡，在【艺术字样式】组中单击【文本填充】按钮，在弹出的下拉列表中选择【标准色】中"红色"色块。

(4) 再次单击【文本填充】按钮，选择【渐变】选项，在弹出的列表中单击【深色变体】中的【线性向下】按钮。

(5) 在【艺术字样式】组中单击【文字效果】按钮，然后单击【阴影】选项，在下拉列表中选择【透视】中的【右上对角透视】。

(6) 在【插入形状】组中单击【编辑形状】按钮 ，选择【更改形状】下拉列表【矩形】中的【圆角矩形】。

(7) 在【形状样式】组中单击【形状填充】按钮 ，在列表中选择"白色"色块；单击【形状轮廓】按钮 ，选择【标准色】中"深红"色块，选择【粗细】选项中"2.25 磅"。

(8) 在【形状样式】组中单击【形状效果】按钮，在下拉列表中选择【发光】，然后在打开列表中单击【发光变体】中第1行第2列第一个按钮【红色，5pt 发光，强调文字颜色2】。

(9) 在【排列】组中单击【位置】按钮，在下拉列表中【文字环绕】中选择"顶端居中，四周型文字环绕"，将艺术字移动到合适位置，如图5-16所示。

图 5-16　标题艺术字效果

2. 图片设置

(1) 将光标放置在正文最后，单击【插入】选项卡【插图】组中的【图片】按钮，打开【插入图片】对话框，选择"风景"图片，单击【插入】按钮。

(2) 单击【格式】选项卡【调整】组中的【更正】按钮，在弹出的列表中选择"柔化25%"，如图 5-17 所示。

图 5-17　设置图片"柔化 25%"

(3) 单击【调整】组中的【艺术效果】按钮，在弹出的下拉列表中选择"粉笔素描"，如图 5-18 所示。

图 5-18　设置图片"粉笔素描"

(4) 在【图片样式】组的【图片样式】预览框中选择"圆形对角，白色"。

(5) 单击【排列】组中的【自动换行】按钮，在下拉列表中选择"四周型"。

(6) 单击【大小】组右下角的对话框启动器按钮，选择【大小】标签，设置【宽度】中的【绝对值】为"7 厘米"，【高度】中的【绝对值】为"4 厘米"，如图 5-19 所示。在页面中拖动图片到合适位置，如图 5-15 所示。

图 5-19　设置图片大小

任务七　文本框设置

【任务内容】插入"简单文本框"，文本框的内容为"中国欢迎您!"，字体为"隶书"，字号为"初号"，字形为"粗体"，文本框的填充颜色和边框颜色设置为"无填充颜色"。插入文本框的效果如图 5-20 所示。

图 5-20　插入文本框效果

文本框设置过程如下：

(1) 将光标置于正文最后，单击【插入】选项卡【文本】组的【文本框】按钮，在打开的【内置】列表中选择【简单文本框】，如图 5-21 所示。

图 5-21 插入简单文本框

(2) 在文本框内录入文字"中国欢迎您！"。

(3) 拖动选中文本框中的文字，单击【开始】选项卡，在【字体】组设置【字体】为"隶书"，选择【字号】为"初号"，单击【加粗】按钮**B**。

(4) 单击【格式】选项卡，在【形状样式】组中单击【形状填充】按钮，在打开的列表中再单击【无填充颜色】选项。

(5) 单击【形状样式】组中的【形状轮廓】按钮，再单击【无轮廓】选项。

(6) 移动文本框到适当位置，效果如图 5-20 所示。

 知识链接——文本框编辑

文本框中的文本，可以用常规的方法在文本框中键入文字，也可对选中的文本进行移动、复制和删除等操作。更改文本框中文字的方向，不影响文本框外其他文本方向。

在文本框中输入文本时，文本在到达文本框右边的框线时会自动回车换行。如果文本框太小，不能将内容全部显示时，可更改文本框的大小。选中文本框，四周边缘会出现控制点，可以用鼠标选中，变成双箭头方向标志时，按住拖曳改变大小。对文本框颜色、大小、与文字环绕方式等属性可在【文本框格式】选项卡中设置。

选中文本框后，可以使用【格式】选项卡中的【文本框样式】选项设置文本框各种外观效果。

 项目总结

通过制作宣传海报，我们学习了在 Word 文档中，利用分栏、文本框、首字下沉等功能进行图文混排。在操作过程中，需要掌握以下两点：

- 恰当地选用图形、图像对文档进行装饰和美化。
- 能够灵活地运用所学知识进行文档的图文混排。

 项目实战

实战 1 制作"汽车销售海报"

汽车销售海报效果如图 5-22 所示。

图 5-22 汽车销售海报

操作步骤：

(1) 建立文档并设置页面。

① 启动 Word，即创建一个新的空白 Word 文档。

② 单击快速访问栏中的【保存】按钮，打开【另存为】对话框，在【保存位置】下拉列

表框中选择"桌面"选项,在【文件名】中输入"汽车销售海报",单击【保存】按钮。

③ 单击【页面布局】选项卡【页面设置】组右下角的对话框启动按钮,在打开的【页面设置】对话框中单击【纸张】标签,在【纸张大小】下拉列表选择"自定义大小",【宽度】设置为"27 厘米"、【高度】设置为"33 厘米";再单击【页边距】标签,在【纸张方向】中设置为"横向",在【页边距】区域的【上】、【下】、【左】、【右】四个位置均录入"1 厘米",单击【确定】按钮。

(2) 设置表格进行页面布局。页面布局效果如图 5-23 所示。

图 5-23　页面布局效果

① 单击【插入】选项卡【表格】组中的【插入表格】按钮,在弹出列表中拖动鼠标建立"4×4"表格。

② 拖动选中第 1 行前 3 个单元格,单击【布局】选项卡【合并】组中的【合并单元格】按钮;然后依次选中第 3 行前两个单元格、第 4 行前两个及第 4 行后两个单元格,分别单击【合并单元格】按钮进行合并。

③ 选择表格第 1 行,在选中区域单击鼠标右键,在菜单中选择【表格属性】,打开【表格属性】对话框,单击【行】标签,【尺寸】区域设置【行高值是】为"固定值",【指定高度】为"5 厘米"。

④ 选中表格第 3 行,在选中区域单击右键,在菜单中选择【表格属性】,打开【表格属性】对话框,单击【行】标签,在【尺寸】区域设置【行高值是】为"固定值",【指定高度】为"9 厘米"。

⑤ 选择表格第 4 行,在选中区域单击右键,在菜单中选择【表格属性】,打开【表格属性】对话框,单击【行】标签,【尺寸】区域设置【行高值是】为"固定值",【指定高度】为"8 厘米"。

⑥ 单击表格左上角的全选按钮⊞,在选中区域单击右键,在菜单中选择【表格属性】,打开【表格属性】对话框,单击【表格】标签,单击下方的【边框和底纹】按钮,打开【边框和底纹】对话框。

⑦ 在【边框和底纹】对话框中单击【边框】标签,再单击【设置】的【无】选项,最后单击【确定】按钮。

⑧ 单击【布局】选项卡【表】组中的【查看网格线】按钮,使表格边框线成虚线形式显示,如图 5-23 所示。

(3) 设置海报标题。海报标题效果如图 5-24 所示。

图 5-24　海报标题行效果

① 光标放在第 1 行的第 1 个单元格内，单击【插入】选项卡【文本】组中的【艺术字】按钮，在打开艺术字库样式列表中选择"渐变填充-黑色，轮廓-白色，外部阴影"。

② 在艺术字编辑框中输入"奥迪，非凡选择"。

③ 拖动选择艺术字中的文本，单击【开始】选项卡，在【字体】组中设置【字体】为"隶书"，在【字号】下拉列表中选择"初号"，然后单击【加粗】按钮。

④ 单击【格式】选项卡【排列】组中的【自动换行】按钮，设置【文字环绕】为"浮于文字上方"。

⑤ 单击【格式】选项卡【艺术字样式】组中的【文本效果】按钮，再单击【转换】选项，选择【弯曲】列表中的"倒 V 形"；然后将鼠标放置在艺术字周围的控点以调整其到合适大小，并将艺术字移动到合适位置，如图 5-25 所示。

图 5-25　标题艺术字效果

⑥ 光标放置在第 1 行第 1 个单元格内，单击【插入】选项卡【插图】组中的【图片】按钮，打开【插入图片】对话框，选择"奥迪"图片，然后单击【插入】按钮。

⑦ 单击【图片工具/格式】选项卡【大小】组的右下角【布局】对话框启动器按钮，打开【布局】对话框；再单击【大小】标签，取消【锁定纵横比】选项，设置【高度】的

【绝对值】为"5 厘米"，【宽度】的【绝对值】为"20 厘米"；然后单击【文字环绕】标签，【环绕方式】设置为"衬于文字下方"，单击【确定】按钮。

⑧ 光标放入第 1 行第 2 个单元格内，单击【插入】选项卡【插图】组中的【图片】按钮，打开【插入图片】对话框，选择"汽车正面"图片，单击【插入】按钮。

⑨ 单击【图片工具/格式】选项卡【大小】组的右下角【布局】对话框启动器按钮，打开【布局】对话框；再单击【大小】标签，取消【锁定纵横比】选项，设置【高度】的【绝对值】为"5 厘米"，【宽度】的【绝对值】为"8 厘米"；然后单击【文字环绕】标签，【环绕方式】设置为"浮于文字上方"，单击【确定】按钮；最后调整图片到合适位置，效果如图 5-24 所示。

(4) 海报中单元格格式设置。海报中单元格格式设置的效果如图 5-26 所示。

图 5-26　海报中单元格格式设置效果

① 在各单元格内分别录入相应文字，如图 5-26 所示。

② 拖动选中表格的最后两行，单击【开始】选项卡，在【字体】组中设置【字体】为"楷体"，【字号】为"小四"。

③ 单击【布局】选项卡【对齐方式】组中的【中部两端对齐】按钮。

④ 选中第 3 行第 1 个单元格中的"外观设计"、"您的渴望是什么，它就是什么!"及第 4 行第 1 个单元格中的"内饰设计"、"关起门来，就是一座艺术殿堂!"两部分文本，单击【开始】选项卡，在【字体】组中设置【字体】为"楷体"，【字号】为"小四"，字形为【加粗】；拖动选择第 3 行最后一个单元格中的文本，单击【字体】组中【加粗】按钮。

⑤ 拖动选择第 3 行第 1 个单元格中最后 5 行文字，单击【开始】选项卡，在【段落】组中再单击【项目符号】按钮 ▤ ，选择项目符列表中的 ◆ 符号；然后单击【行距】按钮 ▤ ，设置行距为"1.15 倍"。

⑥ 拖动选择第 4 行第 1 个单元格中最后 4 行文字，单击【开始】选项卡，在【段落】组中再单击【项目符号】按钮 ▤ ，选择项目符列表中的➤符号；然后单击【行距】按钮 ▤ ，设置行距为"1.15 倍"。

⑦ 拖动选择第 3 行最后两个单元格中的文本，按【Ctrl】键拖动选择第 4 行最后一个

单元格中的前 5 行文本，单击【行距】按钮 ，设置行距为"1.5 倍"。

⑧ 选中第 2 行单元格，单击【开始】选项卡【段落】组中的【填充颜色】按钮 ，在颜色块列表中选择【标准色】中"红色"色块。

⑨ 选中第 3 行第 1 个单元格，单击【段落】组中的【填充颜色】按钮 ，在颜色块列表中单击"白色，背景 1，深色 15%"；选中第 3 行第 2 个单元格，单击【段落】组中的【填充颜色】按钮 ，在颜色块列表中选择"白色，背景 1，深色 5%"；选中第 3 行第 3 个单元格，单击【段落】组中的【填充颜色】按钮 ，在颜色块列表中选择"白色，背景 1，深色 15%"；选中第 4 行第 1 个单元格，单击【段落】组中的【填充颜色】按钮 ，在颜色块列表中选择"白色，背景 1，深色 25%"；选中第 4 行第 2 个单元格，单击【段落】组中的【填充颜色】按钮 ，在颜色块列表中选择【标准色】中"红色"色块，再单击【字体】组中【字体颜色】按钮 ，在颜色块列表中选择"白色，背景 1"。海报中单元格格式设置效果如图 5-26 所示。

(5) 底端价格文本框设置。底端价格文本框设置效果如图 5-22 所示。

① 将光标置于正文最后，单击【插入】选项卡【文本】组中的【文本框】按钮，再单击【绘制文本框】选项，这时鼠标变为"十"字型，按住鼠标左键拖拉鼠标在表格下方空白位置绘制文本框，松开鼠标即可完成文本框绘制。

② 在文本框内录入文字"价格：RMB 224，800 起"；拖动选中录入文字，单击【开始】选项卡，在【字体】组中设置【字体】为"隶书"，【字号】为"一号"，【字形】为"加粗"，然后单击【段落】组中的【居中对齐】按钮 。

③ 选中文本框，单击【格式】选项卡【插入形状】组中的【编辑形状】按钮 ，单击【更改形状】选项，再单击【矩形】列表中"圆角矩形"；单击【形状样式】组中的【形状轮廓】按钮 ，再单击【粗细】列表选择"1.5 磅"。最终效果如图 5-22 所示。

实战 2　制作"生日贺卡"

生日贺卡效果如图 5-27 所示。

图 5-27　生日贺卡效果

操作步骤：

(1) 建立文档并设置页面。

① 单击快速访问工具栏中的【新建】按钮。

② 单击快速访问工具栏中的【保存】按钮，打开【另存为】对话框，在【保存位置】下拉列表框中选择【桌面】选项，在【文件名】中输入"生日贺卡"，单击【保存】按钮。

③ 单击【页面布局】选项卡【页面设置】组的右下角对话框启动器按钮，打开【页面设置】对话框，然后单击【纸张】标签，【纸张大小】设置为"自定义大小"，【宽度】为"10 厘米"，【高度】为"18 厘米"，单击【页边距】标签，设置【页边距】中【上】、【下】、【左】、【右】均为"1 厘米"，【纸张方向】为"横向"，单击【确定】按钮。

(2) 绘制图形并设置格式。绘图效果如图 5-28 所示。

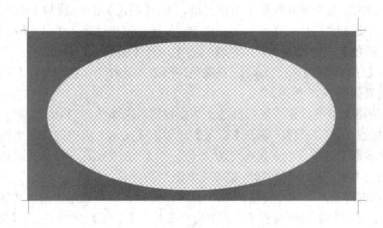

图 5-28　绘图效果

① 单击【插入】选项卡【插图】组中的【形状】按钮，再单击【基本形状】中【矩形】按钮，在页面中绘制一个任意大小的矩形。

② 选择矩形，单击【格式】选项卡【形状样式】组中的【形状填充】按钮，再单击【其他颜色填充】选项，选择喜欢的色块(案例为"玫红色")；单击【形状轮廓】按钮，再单击【无轮廓】选项；在【大小】组中设置【高度】为"8 厘米"，【宽度】为"16 厘米"。

③ 单击【格式】选项卡【插入形状】组中的【图形列表】中的【椭圆】按钮，拖动鼠标绘制一个任意大小的椭圆。

④ 单击【格式】选项卡【形状样式】组的右下角对话框启动器按钮，打开【设置自选图形格式】对话框中，选择【填充】区域【图案填充】中"大棋盘"样式第 4 行第 8 列，设置【前景】为"黄色"，单击【确定】按钮；单击【形状样式】组的【形状轮廓】按钮，单击【无轮廓】；在【大小】组中设置【高度】为"7 厘米"，【宽度】为"14 厘米"。

⑤ 同时选中两个图形，单击【格式】选项卡【排列】组中的【对齐】按钮，设置【左右居中】及【上下居中】对齐。

⑥ 单击【排列】组中的【组合】按钮，单击【组合】选项。

⑦ 单击【排列】组中的【自动换行】按钮，选择【衬于文字下方】，单击【确定】按钮。

(3) "Happy Birthday"文字的制作。"Happy Birthday"文字效果如图 5-29 所示。

① 将光标置于文档中，单击【插入】选项卡，单击【文本】组中【艺术字】按钮，在打开的艺术字库样式列表中选择第 4 行第 1 列"渐变填充-蓝色，强调文字颜色 1，轮廓-白色，发光-强调文字颜色 2"。

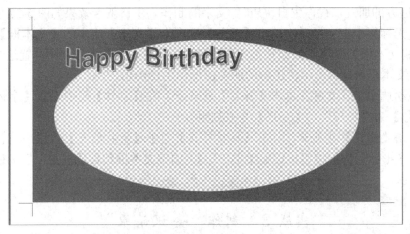

图 5-29　"Happy Birthday"文字效果

②　在艺术字编辑区域中录入"Happy Birthday"。

③　单击【格式】选项卡，在【艺术字样式】组中单击【文本效果】按钮，选择【弯曲】列表中的【波形 2】；鼠标放置艺术字周围控点调整合适大小，并将艺术字移动到合适位置，如图 5-29 所示。

（4）插图设计。插图效果如图 5-30 所示。

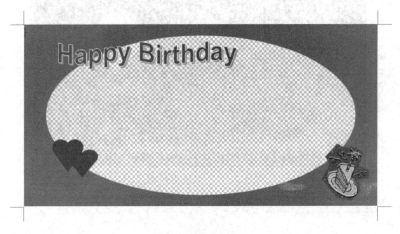

图 5-30　插图效果

①　将光标置于文档中，单击【插入】选项卡【插图】组中的【剪贴画】按钮，打开【剪贴画】任务窗格。

②　在【搜索文字】文本框输入"蛋糕"，单击【搜索】按钮，在窗格下部显示出搜索到的蛋糕图片。

③　选中合适的图片插入文档，调整大小、位置及旋转角度。

④　将光标置于文档中，单击【插入】选项卡【插图】组中的【形状】按钮，再单击图形列表中的【心形】按钮，绘制两个心形。

⑤　单击【格式】选项卡，在【形状样式】组中单击【形状填充】按钮，选择"红色"。

⑥　单击【格式】选项卡，在【形状样式】组中单击【形状轮廓】按钮，设置【无轮廓】，并调整位置和大小，效果如图 5-30 所示。

(5) "远方的朋友，祝你生日快乐！"文字的制作。生日贺卡效果如图 5-27 所示。

① 将光标置于正文最后，单击【插入】选项卡【文本】组中的【文本框】按钮，再单击【绘制文本框】选项，鼠标变为"十"字型，这时在表格下方空白位置绘制文本框。

② 在文本框内录入文字"远方的朋友，祝你生日快乐！"。

③ 拖动选中录入文字，单击【开始】选项卡，在【字体】组中设置【字体】为"隶书"，【字号】为"二号"， 【字形】为"加粗"。

④ 单击【格式】选项卡，单击【形状样式】组中【形状填充】按钮，设置【无填充色】；单击【形状轮廓】按钮，设置【无轮廓】。调整文本框到合适位置，贺卡最终效果如图 5-27 所示。

实战3 制作"会议请柬"

会议请柬效果分别如图 5-31 和图 5-32 所示。

图 5-31 会议请柬封面页

图 5-32 会议请柬内容页

操作步骤：

(1) 建立文档并设置页面。

① 单击快速访问工具栏中的【新建】按钮。

② 单击快速访问工具栏中的【保存】按钮，打开【另存为】对话框，在【保存位置】下拉列表框中选择【桌面】选项，在【文件名】中输入"会议请柬"，然后单击【保存】按钮。

③ 单击【页面布局】选项卡【页面设置】组中右下角的对话框启动器按钮，打开【页面设置】对话框，单击【纸张】标签，【纸张大小】设置为"B5(JIS)"，【纸张方向】设置为"横向"，然后单击【确定】按钮。

④ 单击【插入】选项卡【页】选项区域中的【分页】按钮，将文档分成两页。

(2) 请柬封面页面制作。封面效果如图 5-31 所示。

① 将光标放置在第一页，单击【插入】选项卡【插图】组中的【形状】按钮，再单击【基本形状】中【矩形】选项，在页面中绘制一个矩形，将矩形调整和页面同样大小，如图 5-31 所示。

② 单击【格式】选项卡【形状样式】组中的【形状填充】按钮，设置为"红色"；单击【形状轮廓】按钮，设置为【无轮廓】。

③ 然后，在【排列】组中单击【下移一层】按钮，选择【衬于文字下方】。

④ 在【插入形状】组中单击【图形列表】中的【菱形】按钮，绘制一个菱形。

⑤ 选中菱形，单击【格式】选项卡【形状样式】组中的【形状填充】按钮，设置为"白色"；单击【形状轮廓】按钮，再单击【粗细】中的【其他线条】选项，打开【设置形状格式】对话框，设置【线型】中【复合类型】为"3 线"，【粗细】为"6 磅"。

⑥ 将光标置于空白处，单击【插入】选项卡【插图】组中的【剪贴画】按钮，打开【剪贴画】任务窗格，在【搜索文字】文本框输入"Banners"，然后单击【搜索】按钮，选中合适的图片插入文档，调整大小、位置及旋转角度，如图 5-31 所示。

⑦ 单击【插入】选项卡【文本】组中的【艺术字】按钮，在打开艺术字库样式列表中选择"填充-红色，强调文字颜色 2，暖色粗糙棱台"；在文本框中输入"邀"。

⑧ 单击【开始】选项卡，在【字体】组中将艺术字【字体】设置为"黑体"，【字号】设置为"80"，调整大小及位置，如图 5-31 所示。

(3) 请柬内容页面制作。内容页制作效果如图 5-32 所示。

① 将光标放置在第二页，单击【页面布局】选项卡【页面背景】组中的【水印】按钮，选择【自定义水印】选项，打开【水印】对话框。

② 选择【文字水印】选项，在【文字】框中录入为"欢迎光临"，【字体】为"隶书"，【颜色】为"红色"，如图 5-33 所示。

③ 单击【插入】选项卡【文本】组中的【艺术字】按钮，在打开艺术字库样式列表中选择"渐变填充-黑色，轮廓-白色，外部阴影"；在文本框中输入"请"。

④ 单击【开始】选项卡，在【字体】组中将艺术字【字体】设置为"黑体"，【字号】设置为"120"，调整大小及位置。

⑤ 将光标置于正文最后，单击【插入】选项卡【文本】组中的【文本框】按钮，单击【绘制竖排文本框】选项，鼠标变为"十"字型，在页面右侧绘制文本框。

图 5-33　水印设置

⑥ 在文本框内录入文本"先生(女士)：兹定于年月日时分，在举行。恭请届时光临！**有限公司日期"，如图 5-32 所示。

⑦ 拖动选中文本框中的文字，单击【开始】选项卡，在【字体】组中设置【字体】为"楷体"，【字号】为"三号"，【字形】为"加粗"。

⑧ 单击【开始】选项卡【段落】组中右下角的对话框启动器按钮，再单击【缩进和间距】标签，设置【间距】【段前】为"2 行"，【行距】为"1.5 倍行距"。

⑨ 单击【格式】选项卡，在【形状样式】组中单击【形状填充】按钮，设置【无填充颜色】；单击【形状轮廓】按钮，设置为【无轮廓】，效果如图 5-31 和图 5-32 所示。

 技能提升

创建并修改目录

不管是书籍还是杂志，在开始部分总是少不了目录。目录的作用就是列出当前书籍或杂志中的各级标题以及每个标题所在的页码，以便于读者查询。

在 Word 中，可以根据文档中的标题自动编制目录，且在编制目录以后，只要单击目录中的某个页码，就可以跳转到该页码对应的标题。

创建目录前，用户需要对要包括在目录中的文本应用标题样式，如对标题样式 1、标题样式 2 和标题样式 3 等进行设置，Word 会自动搜索这些标题，然后在文档中插入目录。

应用样式的操作步骤如下：

(1) 按住【Ctrl】键将拖动选中将要设置为 1 级标题的所有文本，单击【开始】选项卡，单击【样式】组的右下角对话框启动器按钮，在打开的样式列表中选择"标题 1"样式，如图 5-34 所示。

(2) 按住【Ctrl】键将拖动选中将要设置为 2 级标题的所有文本，单击【开始】选项卡，单击【样式】组的右下角对话框启动器按钮，在打开的样式列表中选择"标题 2"样式。应用样式的效果如图 5-35 所示。

图 5-34　样式列表

图 5-35　应用样式效果

目录生成的操作步骤如下：

(1) 将光标定位到文档中想要放置目录的位置。这个位置一般在文档的开头部分。

(2) 单击【引用】选项卡【目录】组中的【目录】按钮。

(3) 单击【自动目录 1】选项。

(4) 修改目录的标题内容及格式，最终效果如图 5-36 所示。

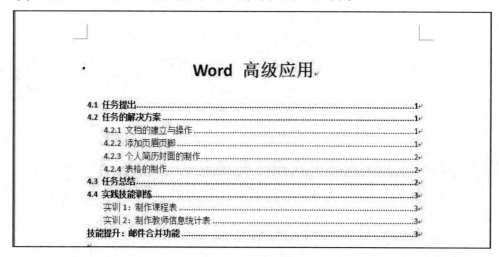

图 5-36　目录生成效果

　　编制完目录后，如果用户对文档进行了修改操作，使目录发生改变，就需要重新编制目录，即更新目录。

更新生成的目录操作如下：

(1) 选中需要进行更新操作的目录。

(2) 按下键盘的【F9】键，Word 将打开【更新目录】对话框，如图 5-37 所示。

图 5-37 【更新目录】对话框

(3) 单击【更新整个目录】选项，再单击【确定】按钮。

 知识链接——模式、目录设置

对于一篇内容比较多的文档，在排版时如果逐行、逐段进行字体、格式的设置会比较麻烦，Word 提供了"样式"功能。要生成目录，对各级标题也要先设置统一的"样式"效果。

用户不仅可以应用软件中的预设样式，还可以自定义新建样式。方法是在【样式】列表中单击【新建样式】按钮，用户根据需要可在打开的【根据格式设置创建新样式】对话框中修改。

同样目录的格式用户也可以自定义进行设置，以满足自己的实际需求。方法是引用选项标签，单击【目录】选项中【目录】按钮，在展开的下拉列表中再单击【插入目录】选项，用户可在打开的【目录】对话框中进行设置。

项目六 Excel 基本应用——制作通讯录

Excel 2010 是美国 Microsoft 公司开发的一款功能强大的电子表格处理软件,使用该软件可以快速地绘制需要的表格,并运用公式和函数完成复杂的数据运算。强大的图表功能可以分析数据的变化趋势,对数据进行统计、分析和整理等。

本项目通过制作一份员工通讯录,讲述如何利用 Excel 2010 创建工作簿和编辑工作表,如何通过格式设置对工作表进行美化,以及为了打印出精美的电子表格,如何对工作表进行预览和打印设置。

 项目目标

➤ 熟练掌握 Excel 工作簿和工作表的基本设置。
➤ 熟练掌握 Excel 录入和编辑数据的方法。
➤ 熟练掌握 Excel 美化表格的方法。

 项目描述

小王是公司的秘书,为了方便公司内部员工之间的联系,提高工作效率,使员工能在一些紧急情况下快速地找到需要的负责人,小王制作了一份员工通讯录,对公司员工的部门、员工编号、姓名、性别、办公电话、手机和电子邮箱进行了详细的登记。

图 6-1 和图 6-2 分别是小王制作好的员工通讯录封面和通讯录内容。

图 6-1 通讯录封面   图 6-2 通讯录内容

项目实施

任务一　Excel 界面介绍

【任务内容】启动 Excel 2010，认识 Excel 界面。

1. 启动 Excel 2010

Excel 2010 的启动方式分为以下三种：

(1) 通过【开始】菜单启动。单击 Windows 任务栏左侧的 按钮，选择【所有程序】→【Microsoft Office】→【Microsoft Excel 2010】，即可启动 Excel，如图 6-3 所示。

(2) 通过桌面快捷图标启动，如图 6-4 所示。

(3) 通过任务栏启动，如图 6-5 所示。如果常用软件被锁定到任务栏，那么可以通过单击任务栏快速按钮来启动。

图 6-4　快捷图标启动

图 6-3　从【开始】菜单启动 Excel

图 6-5　任务栏启动

2. 认识 Excel 界面

启动 Excel 后，打开如图 6-6 所示的工作界面。各组成部分的名称如下：

(1) 标题栏。标题栏位于屏幕的最顶端，显示当前工作簿的名字。如新建的文件则默认显示为"工作簿 1"。

图 6-6　Excel 2010 界面

(2) 快速访问工具栏。快速访问工具栏位于工作界面的左上角，默认情况下包含【保存】、【撤消】、【恢复】三个常用命令按钮，用户可以根据需要进行添加。单击其中的按钮就可以便捷地执行相应的操作。

(3)【文件】菜单和选项卡。单击【文件】，打开【文件】菜单，【文件】菜单又称为 Backstage 视图，菜单中包括【打开】、【新建】、【保存】等命令，如图 6-7 所示。

选项卡位于标题栏之下，用于放置编辑工作表时所需的功能。单击选项卡标签，可以在不同选项间切换，如图 6-8 所示。

图 6-7　【文件】菜单

| 开始 | 插入 | 页面布局 | 公式 | 数据 | 审阅 | 视图 |

图 6-8　选项卡

(4) 功能区和组。单击选项卡标签，显示相应功能的位置即为功能区。为了便于操作，功能区又被划分为若干个组。例如，【开始】选项卡的【字体】组，如图 6-9 所示。

图 6-9 【开始】选项卡的【字体】组

(5) 名称框。名称框位于组之下，用来显示当前所在单元格或单元格区域的名称或引用。单元格命名方式为行号和列标相结合，如"A1"单元格。

(6)【插入函数】按钮和编辑栏。【插入函数】按钮位于名称框右侧，通过【插入函数】按钮可以调用 Excel 中的预定义函数进行数据运算。

编辑栏位于【插入函数】按钮右侧，用来输入或编辑数据，数据会同时显示在下方的活动单元格中。

(7) 活动单元格。黑色的轮廓显示当前被激活的单元格。

(8) 行号和列标。行号位于屏幕的最左端，从 1～1 048 576 的数字，每个数字代表一行。单击行号可以选择整行单元格。

列标位于编辑栏下方，从 A～XFD 的字母，每个字母代表一列，共计 16 384 列。单击列标可以选择整列单元格。

(9) 标签栏。标签栏位于窗口的下端。默认情况下一个工作簿中含有三个工作表，分别为 Sheet1、Sheet2 和 Sheet3，单击相应的工作表标签即可切换到工作簿中的该工作表。位于标签栏最后的按钮命名为"插入工作表"按钮，单击该按钮即可完成插入工作表的操作。

(10) 状态栏。状态栏位于标签栏下，用于显示当前文档的输入状态。状态栏右侧包含【视图】按钮和【显示比例】按钮。

Excel 工作表包含三种视图模式，即普通视图、页面布局视图和分页预览视图，通过单击【视图】按钮可以在三种视图模式间切换。

单击【显示比例】按钮，可以进行页面的缩放显示。

任务二　工作簿的基本操作

【任务内容】新建 Excel 工作簿，以"公司员工通讯录"命名并保存到桌面上。

1. 新建 Excel 工作簿

(1) 启动 Excel，即创建一个新的 Excel 工作簿。

(2) 或者单击【文件】中的【新建】命令，在中间窗格"可用模板"处，选择【空白工作簿】图标，在右侧窗格单击【创建】按钮，如图 6-10 所示。

图 6-10 【文件】菜单

(3) 也可以在 Windows 桌面空白处右击，选择【新建】→【Microsoft Excel 工作表】。

 知识链接——工作簿模板

为了方便用户创建一些功能类似的工作簿，Excel 为我们提供了多种模板。单击【文件】中的【新建】命令，弹出的对话框中间窗格处显示【可用模板】。模板分两类：一类为本地模板，可以直接通过本机模板创建所需类型的工作簿；另一类为 Office.com 模板，用户需要从网络上下载后使用。

2. 以"公司员工通讯录"命名工作簿并保存到桌面

(1) 单击快速访问工具栏中的【保存】按钮 ，或者单击【文件】中的【保存】命令，打开【另存为】对话框，如图 6-11 所示。

图 6-11 【另存为】对话框

(2) 在对话框左侧选择【桌面】选项，在【文件名】中输入"公司员工通讯录"，单击【保存】按钮。

任务三　工作表的基本操作

【任务内容】将"Sheet1"工作表标签重命名为"通讯录封面"，将"Sheet2"工作表标签重命名为"通讯录内容"，删除"Sheet3"工作表；同时设置"通讯录封面"和"通讯录内容"工作表的页边距上为"2.5"，下为"2.5"，左为"1.9"，右为"1.9"，取消组合工作表。

1. 重命名工作表

(1) 将鼠标指针移到"Sheet1"工作表的标签上，单击右键，在弹出的快捷菜单中选择【重命名】命令，然后输入新名称"通讯录封面"，如图 6-12 所示。

图 6-12　更改工作表名称

(2) 或者双击工作表标签"Sheet1"位置，再输入新名称"通讯录封面"。

(3) "Sheet2"工作表重命名为"通讯录内容"，操作步骤同上，在此不再赘述。

2. 删除工作表

将鼠标指针移到"Sheet3"工作表的标签上，单击右键，在弹出的快捷菜单中选择【删除】命令。

　知识链接——插入工作表

插入工作表的方法可以与重命名和删除工作表的方法相同，在工作表"标签栏"单击右键，在弹出的快捷菜单中选择【插入】命令，也可以单击标签栏的【插入工作表】按钮，完成插入工作表的操作。

3. 页面设置

(1) 鼠标指针移动到标签栏"通讯录封面"处，单击右键，在弹出的快捷菜单中，选择【选定全部工作表】命令。

(2) 或者在按住【Ctrl】键的同时依次单击所有工作表，即可选中所有工作表。

(3) 单击【页面布局】选项卡【页面设置】组中的【页边距】下拉按钮，选择【自定义边距】，如图 6-13 所示。打开【页面设置】对话框，选择【页边距】标签，输入【上】为 "2.5"，【下】为 "2.5"，【左】为 "1.9"，【右】为 "1.9"，【页眉】和【页脚】不做要求，所以保持默认设置不变，单击【确定】按钮，如图 6-14 所示。

图 6-13 【页边距】菜单

图 6-14 【页面设置】对话框

4. 取消组合工作表

页面设置完成后，鼠标指针移动到标签栏处，单击右键，在弹出的快捷菜单中，选择【取消组合工作表】命令。如果不取消组合工作表，那么后续的所有操作都将在被选中工作表中同时进行。

 知识链接——页眉/页脚

通过如图 6-14 所示的【页面设置】对话框中的【页眉/页脚】标签，可以设置或自定义工作表的页眉和页脚内容和格式。

任务四　录入和编辑数据

【任务内容】设置"通讯录封面"工作表：精确设置第"1"行到第"7"行，行高为"65"，第"A"列到第"I"列，列宽为"9"；在"A1"单元格中输入"公司员工通讯录"，字体为"黑体"，字号为"36"；在第"1"行前插入一行，行高为"65"；插入图片，高度为"6 厘米"，宽度为"6 厘米"，设置图片背景为"透明色"，位置如图 6-1 所示；在"C8"单元格输入"2016 年 04 月 30 日制"，字体为"新宋体"，字号为"22"。效果如图 6-15 所示。

图 6-15 通讯录封面初级效果

设置"通讯录内容"工作表：在"A1"单元格中输入"通讯录"，字体为"宋体"，字号为"24"，字形为"加粗"；在"A2:G2"单元格中录入表格中各列数据的表头文字，分别为"类别部门名称"、"员工编号"、"姓名"、"性别"、"办公电话"、"手机"、"E-mail 地址"，调整合适的行高和列宽；在"A3"单元格输入"总裁室"，在"A7"单元格输入"产品部"，在"A11"单元格输入"销售部"，在"A16"单元格输入"研发部"，在"A20"单元格输入"质保部"；在"B3:G22"单元格区域输入数据，如图 6-2 所示；数据录入完成后，调整合适的行高和列宽。效果如图 6-16 所示。

类别部门名称	员工编号	姓名	性别	办公电话	手机	E-mail地址
总裁室	001	柴永生	男	0431-85320001	13504332231	cys@sina.com
	002	吴小莉	女	0431-85320002	18978321340	wxl@sina.com
	003	张燕	女	0431-85320003	15504498765	zy@sina.com
	004	张成	男	0431-85320004	15867892134	zc@sina.com
产品部	005	张志春	男	0431-85320005	13535467891	zzc@sina.com
	006	杜光林	男	0431-85320006	13756734521	dgl@sina.com
	007	赵晓月	女	0431-85320007	13543215674	zxy@sina.com
	008	李莉莉	女	0431-85320008	18965432140	lll@sina.com
销售部	009	刘大为	男	0431-85320009	13387656784	ldw@sina.com
	010	卢芳	女	0431-85320010	13123456765	lf@sina.com
	011	马晓春	女	0431-85320011	18645678321	mxc@sina.com
	012	唐艳	女	0431-85320012	13098765473	ty@sina.com
	013	万超	男	0431-85320013	13245678321	fc@sina.com
研发部	014	梁旭	男	0431-85320014	13567543214	lx@sina.com
	015	马建	男	0431-85320015	15978965432	mj@sina.com
	016	刘强	男	0431-85320016	15105565434	lq@sina.com
	017	金明路	男	0431-85320017	18956743212	jml@sina.com
质保部	018	韩正东	男	0431-85320018	13523452314	hzd@sina.com
	019	高彩书	女	0431-85320019	13134525643	gcs@sina.com
	020	林潇潇	女	0431-85320020	13546756743	lxx@sina.com

图 6-16 通讯录内容初级效果

1. 精确设置行高和列宽

(1) 在标签栏单击"通讯录封面"工作表。

(2) 将鼠标指针移到行号"1"处,按下鼠标左键并向下拖动直至行号"7",把第"1"行到第"7"行单元格全部选中,将鼠标指针移动到选中区域,单击右键,在弹出的快捷菜单中选择【行高】命令,如图 6-17 所示,输入行高为"65",单击【确定】按钮。

图 6-17　设置行高

(3) 或者选择【开始】选项卡【单元格】组中的【格式】下拉按钮,选择【行高】命令,输入行高为"65",单击【确定】按钮。

(4) 还可以将鼠标指针移动到行号处,指针变为"╪"时,按下鼠标左键并向下拖动,调整行高为"65"。

(5) 将鼠标指针移到列标"A"处,按下鼠标左键并向右拖动直至列标"I",把第"A"列到第"I"列单元格全部选中,将鼠标指针移动到选中区域,单击右键,在弹出的快捷菜单中选择【列宽】命令,如图 6-18 所示,输入列宽为"9",单击【确定】按钮。

图 6-18　设置列宽

(6) 或者选择【开始】选项卡【单元格】组中的【格式】下拉按钮,选择【列宽】命令，输入列宽为"9"，单击【确定】按钮。

(7) 还可以将鼠标指针移动到列标处，指针变为"✛"时，按下鼠标左键并向右拖动，调整列宽为"9"。

2. 标题设置

(1) 鼠标左键单击"A1"单元格，直接输入"公司员工通讯录"，按【Enter】键确认。

(2) 或者鼠标左键单击"A1"单元格，然后移动鼠标指针，单击【编辑栏】，输入"公司员工通讯录"，按【Enter】键确认，如图 6-19 所示。在【编辑栏】处可以更加方便地对数据进行修改。

图 6-19　输入标题

(3) 还可以双击"A1"单元格，单元格进入编辑状态，光标在文字间出现，鼠标可以选中不同文字。

(4) 单击"A1"单元格，选中文字在【开始】选项卡【字体】组中，选择【字体】下拉列表中的 "黑体"，在【字号】下拉列表中选择"36"。

3. 插入行

(1) 鼠标指针单击标题所在行的行号"1"，选中整行，将鼠标指针移动到选中区域，单击右键，在弹出的快捷菜单中选择【插入】命令，如图 6-20 所示。

(2) 或者单击标题所在行的行号"1"，选中整行，单击【开始】选项卡【单元格】组中的【插入】下拉按钮，选择【插入工作表行】命令，如图 6-21 所示。

图 6-20　右键插入行

图 6-21　菜单插入行

知识链接——删除行

删除行的方法与插入行的方法相同，单击行号选中整行，单击右键，弹出的快捷菜单中选中【删除】命令。或者单击【开始】选项卡【单元格】组中的【删除】下拉按钮，选择【删除工作表行】命令。插入、删除列的方法与行相同，单击列标选中整列，进行操作。

(3) 鼠标指针单击新插入行的行号"1"，将鼠标指针移动到选中区域，单击右键，在弹出的快捷菜单中选择【行高】命令，输入行高为"65"，单击【确定】按钮。

4. 插入图片

(1) 鼠标单击标题下方单元格"E4"，单击【插入】选项卡【图片】按钮，打开【插入图片】对话框，如图 6-22 所示。

图 6-22　【插入图片】对话框

(2) 选择项目六素材所在目录中的图片"船"。

(3) 调整图片大小，选中目标图片，选项卡处弹出【图片工具/格式】选项卡，如图 6-23 所示。单击【大小】组对话框启动器按钮，弹出【设置图片格式】对话框，如图 6-24 所示。

图 6-23　【图片工具/格式】选项卡

图 6-24 【设置图片格式】对话框

(4) 在【设置图片格式】对话框中，取消"锁定纵横比"复选框，设置【高度】为"6厘米"【宽度】为"6 厘米"。

(5) 单击【图片工具/格式】选项卡的【调整】组【颜色】下拉按钮，选择【设置透明色】命令，鼠标指针变为 ，将鼠标指针移动到图片背景上，单击，设置背景为"透明色"。

(6) 通过拖动的方法，把图片放置于合适的位置，如图 6-15 所示。

5. 输入文字

(1) 鼠标单击"C8"单元格，直接输入"2016 年 04 月 30 日制"，按【Enter】键确认。

(2) 选中"C8"单元格，在【开始】选项卡【字体】组中，选择【字体】下拉列表中的"新宋体"，在【字号】下拉列表中选择"22"。

知识链接——显示"####"的原因

如果在 Excel 单元格中显示"####"，那么有两种原因：一是该列的宽度不足以显示该结果，可以适当调整列宽或缩小字体；二是公式返回一个负的日期或时间值，数据错误应当修正。

6. 标题设置

(1) 在标签栏单击"通讯录内容"工作表。

(2) 鼠标单击"A1"单元格，直接输入"通讯录"，按【Enter】键确认。

(3) 在【开始】选项卡【字体】组中，选择【字体】下拉列表中的"宋体"，在【字号】下拉列表中选择"24"；再单击【字体】组的【加粗】按钮 **B**，进行字体加粗设置。

7. 表头设置

(1) 鼠标单击"A2"单元格，输入"类别"，按住键盘上的【Alt】+【Enter】组合键，单元格内换行，再次按住键盘上的【Alt】+【Enter】组合键换行，输入"部门名称"，然后按【Enter】键确认。表头效果如图 6-25 所示。

图 6-25　表头效果

(2) 单击【插入】选项卡【插图】组中的【形状】下拉按钮，选择【线条】按钮 ，当光标变为 "✛" 时，在 "A2" 单元格中绘制一条斜线。

(3) 在 "类别" 前双击鼠标左键，光标定位于 "类别" 前，用空格调整 "类别" 位置。

(4) 将鼠标指针移动到行号处，指针变为 "⬍" 时，按下鼠标左键并向下拖动，调整第 2 行行高为合适高度；再将鼠标指针移动到列标处，指针变为 "↔" 时，按下鼠标左键并向右拖动，调整列宽为合适宽度。

(5) 单击 "B2" 单元格，输入 "员工编号"。按键盘上的【→】键，将活动单元格变为 "C2"，输入 "姓名"。按此方法依次在 "D2" 到 "G2" 单元格输入 "性别"、"办公电话"、"手机" 和 "E-mail 地址"。

8. 填充数据

(1) 单击 "A3" 单元格，输入 "总裁室"，按【Enter】键确认。按此方法依次单击 "A7"、"A11"、"A16" 和 "A20" 单元格，分别输入 "产品部"、"销售部"、"研发部" 和 "质保部"。

(2) 单击 "B3" 单元格，输入 "001"，输入完毕后，系统会自动将数字串处理为 "1"，去除前置的 "0"。为使单元格中前置 "0" 正常显示，可以在输入 "001" 前输入一个英文单引号 "'"，即可保留前置的数字 "0"。

(3) 或者选择 "B3" 单元格，在所选单元格上单击右键，在弹出的快捷菜单中选择【设置单元格格式】命令，打开【设置单元格格式】对话框，选择【数字】标签，在标签中【分类】下选择【文本】，单击【确定】按钮，如图 6-26 所示。然后在 "B3" 单元格输入 "001"，即可保留前置的数字 "0"。

(4) 将鼠标指针移动到 "B3" 单元格右下角填充柄处，光标变为 "✛" 时，按住鼠标左键向下拖动，直至 "B22" 单元格，则每向下拖动一格，单元格内容自动递增 1，最终完成数据填充，如图 6-27 所示。

图 6-26 【设置单元格格式】对话框

图 6-27 数据填充

(5) 对照图 6-16，完成 "姓名"、"性别" 列数据的填写，并利用键盘的方向键，可以逐一选中相邻的单元格，使之成为活动单元格并进行数据编辑。

(6) 鼠标指针单击"E3"单元格，输入"0431-85320001"，将鼠标指针移动到"E3"单元格右下角填充柄处，光标变为" **+** "时，按住鼠标左键向下拖动，直至"E22"单元格，完成数据递增填充。

(7) 对照图 6-16，完成"手机"、"E-mail 地址"列数据的填写。当在单元格中录入电子邮箱地址时，Excel 会自动将其转换为超链接形式，将鼠标放置到上方时，鼠标指针会变成" 👆 "，单击则启动相应的程序。

(8) 数据录入完成后，对照图 6-16，调整合适的列宽。

任务五　单元格的基本操作

【任务内容】设置"通讯录封面"工作表：在"A2:I2(A2 到 I2)"单元格区域，对"公司员工通讯录"进行"合并及居中"操作；在"C8:G8"单元格区域，对"2016 年 04 月 30 日制"进行"跨列居中"和填充"黄色"底纹操作。通讯录内容单元格设置效果如图 6-1 所示。

设置"通讯录内容"工作表：在"A1:G1"单元格区域，对"通讯录"进行"跨列居中"操作；在"A3:A6"单元格区域，对"总裁室"进行"合并及居中"操作，单元格底纹填充为"浅绿"；对"产品部"进行"合并及居中"操作，单元格底纹填充为"黄色"；依次设置"销售部"、"研发部"和"质保部"；在"B3:G22"区域单元格底纹填充为"绿色"，"B4:G4"、"B6:G6"等其余不相邻单元格区域底纹填充为"橙色"。效果如图 6-28 所示。

图 6-28　通讯录内容单元格设置效果

1. 合并居中

(1) 在标签栏单击"通讯录封面"工作表。

(2) 选中 "A2:I2(A2 到 I2)" 单元格区域,单击【开始】选项卡【对齐方式】组中的【合并后居中】按钮 ,对 "公司员工通讯录" 进行 "合并及居中" 操作。

2. 跨列居中

(1) 选中 "C8:G8" 单元格区域,在所选区域上单击右键,在弹出的快捷菜单中选择【设置单元格格式】命令,如图 6-29 所示。或者单击【开始】选项卡【单元格】组中的【格式】下拉按钮,选择【设置单元格格式】命令,均会弹出【设置单元格格式】对话框,如图 6-30 所示。

图 6-29 快捷菜单【设置单元格格式】

图 6-30 【设置单元格格式】对话框

(2) 单击【设置单元格格式】对话框中【对齐】标签,在【文本对齐方式】中的【水平对齐】下拉菜单中选择【跨列居中】命令,将 "2016 年 04 月 30 日制" 进行 "跨列居中"

操作，如图 6-31 所示。

图 6-31　选择【跨列居中】命令

3. 设置单元格底纹

(1) 单击【开始】选项卡【字体】组中的【填充颜色】下拉按钮，选择单元格底纹为"黄色"。

(2) 或者在所选区域上单击右键，在弹出的快捷菜单中选择【设置单元格格式】命令，选择【填充】标签，设置单元格底纹为"黄色"，如图 6-32 所示。

图 6-32　设置单元格底纹

4. "通讯录内容"工作表单元格设置

(1) 在标签栏单击"通讯录内容"工作表。

(2) 选中"A1:G1"单元格区域，在所选区域上单击右键，在弹出的快捷菜单中选择【设置单元格格式】命令，然后单击【设置单元格格式】对话框中【对齐】标签，在【水平对齐】下拉菜单中选择【跨列居中】命令，将"通讯录"进行"跨列居中"操作。

(3) 选中"A3:A6"单元格区域，单击【开始】选项卡【对齐方式】组的【合并后居中】按钮，对"总裁室"进行"合并及居中"操作。单击【开始】选项卡【字体】组中的【填充颜色】 下拉按钮，选择单元格底纹为"浅绿"。

(4) 选择"A7:A10"单元格区域，单击【开始】选项卡【对齐方式】组的【合并后居中】按钮，对"产品部"进行"合并及居中"操作，选择单元格底纹为"黄色"。

(5) 依次完成"A"列中其余单元格的设置。

(6) 选择"B3:G3"单元格区域，单击【开始】选项卡【字体】组中的【填充颜色】 下拉按钮，选择单元格底纹为"绿色"。对照图 6-28，利用【Ctrl】键，可以同时选中不相邻的单元格区域，统一设置，完成其他区域单元格"橙色"底纹的填充。

任务六　表格外观设置

【任务内容】设置"通讯录内容"工作表外观，除 A 列文字外，所有文字都水平居中。表格边框效果如图 6-2 所示。

1. 设置文字对齐方式

(1) 选择"B2:G22"单元格区域，单击【开始】选项卡【对齐方式】组中的【居中】按钮 ，设置文字水平居中对齐方式。

(2) 或者在所选区域上，单击右键，在弹出的快捷菜单中选择【设置单元格格式】命令，打开【设置单元格格式】对话框，选择【对齐】标签，在【文本对齐方式】中的【水平对齐】下拉菜单中选择【居中】命令。

2. 设置表格边框线

(1) 对照图 6-2，选择"A2:G22"单元格区域，单击【开始】选项卡【字体】组中的 按钮中的下拉箭头，选择"所有框线"，为表格设置所有边框线，如图 6-33 所示；再选择"粗匣框线"，为表格设置外边框线。

图 6-33　选择边框

(2) 或者在所选区域上，单击右键，在弹出的快捷菜单中选择【设置单元格格式】命令，打开【设置单元格格式】对话框，选择【边框】标签，在线条样式处选择"＝＝＝"，在【预置】处选择"内部" ⊞，先设置好表格的内框线，再选择线条样式为"＝＝＝"，【预置】处选择"外边框" ⊡，设置好表格的外边框，如图 6-34 所示。当表格中的框线比较复杂时，需要采用这种方法。

图 6-34 【边框】标签

任务七 预览、打印工作表

【任务内容】预览"通讯录封面"和"通讯录内容"工作表，设置"通讯录内容"工作表打印标题为标题行和表头行，确认无误后进行打印。

1. 打印预览

(1) 单击"通讯录封面"工作表，再单击【文件】，在【文件】菜单中选择【打印】命令，右侧窗格中出现打印预览视图，如图 6-35 所示。

图 6-35 打印预览视图

（2）或者单击【自定义快速访问工具栏】按钮 　，弹出如图 6-36 所示菜单。选择【打印预览和打印】，对快速启动访问工具栏进行自定义，添加打印预览图标 　，单击此图标也可弹出如图 6-35 所示的窗口。

（3）单击图 6-35 所示的对话框右下角显示边距按钮 　，预览区发生如图 6-37 所示的变化。"通讯录封面"工作表会出现垂直和水平的交叉虚线，通过鼠标拖动虚线可以直观调整页边距的大小。

（4）使用相同的方法预览"通讯录内容"工作表。

图 6-36　自定义快速访问工具栏

图 6-37　打印预览视图

2. 设置打印标题

（1）打印标题就是在每个打印页重复出现的行数据或列数据。使用打印标题功能可以使打印出来的每页中的数据更加清晰、准确。单击【页面布局】选项卡【页面设置】组中的【打印标题】按钮 　，弹出如图 6-38 所示的对话框。

图 6-38　【页面设置】对话框

(2) 单击【页面设置】对话框【工作表】标签下的【顶端标题行】数值框右侧的单元格引用按钮 ，打开【页面设置-顶端标题行】对话框。

(3) 此时，光标变为向右的黑色箭头，接着在工作表中选择好需要在每一页都打印输出的标题行，这时【页面设置-顶端标题行】框中会显示"$1:$2"，意思是第 1 行到第 2 行作为每页打印输出时的标题行(我们也可以不选择标题行，而直接输入"$1:$2")，如图 6-39 所示。

$1:$2

图 6-39　输出的顶端标题行

(4) 再次单击单元格引用按钮 ，返回【页面设置】对话框，此时在【顶端标题行】数值框中显示了添加的标题行区域，单击【确定】按钮。这样打印输出每一页上就都有标题行了。

(5) 同理，当我们所要打印表格的标题和表头在工作表中列的位置时，就应该使用打印标题列操作。

(6) 在打开的【页面设置】对话框，单击【工作表】标签，单击【左端标题列】数值框右侧的单元格引用按钮 ，打开【页面设置-左端标题列】对话框。

(7) 接着在工作表中选择好需要在每一页都打印输出的标题列，这时【页面设置-左端标题列】框中会显示"$A:$B"，意思是第 A 列到第 B 列作为每页打印输出时的标题列。

(8) 再次单击【页面设置-左端标题列】对话框后面的单元格引用按钮 ，返回【页面设置】对话框，单击【确定】按钮。这样打印输出每一页上就都有标题列了。

3. 打印操作

(1) 单击【文件】，在【文件】菜单中选择【打印】命令，打开如图 6-35 所示的对话框。打印预览没有问题，就可以开始打印了。

(2) 设置打印范围，在【设置】处的【页数】右侧的数值框中输入开始页码，在【至】右侧的数值框中输入结束页码，如图 6-40 所示。

(3) 设置打印份数，在【打印】处的【份数】数值框中输入打印份数，如输入"1"，即将工作表打印 1 份，如图 6-41 所示。

图 6-40　设置打印范围　　　　　　　　　图 6-41　设置打印份数

(4) 经过上述打印属性设置后，在【打印】选项组中单击【打印】图标，即可开始打印。

项目总结

通过制作公司员工通讯录，我们学习了 Excel 的基本操作，包括工作簿的建立，工作表的插入、删除和重命名，数据的快速录入与编辑，工作表中单元格的格式设置，表格美化，工作表的打印输出等内容。在操作过程中，需要注意以下几点：

· 在执行插入行或列的操作时，当使用鼠标右键快捷菜单的时候，需要遵循如下的原则：要插入几行就选几行，插入的行在所选行的上方出现；要插入几列就选几列，插入的列在所选列的左侧出现。

· 在设置表格边框线时，如果是简单的框线类型，可以单击【开始】选项卡【字体】组中的【下框线】按钮 进行操作。如果框线比较复杂，应使用【设置单元格格式】对话框中的【边框】标签来完成。

· 当只想让文字在所选区域内居中，而并不把所选区域合并时，可以使用【设置单元格格式】对话框中的【对齐】标签，在【文本对齐方式】中的【水平对齐】下拉列表中选择【跨列居中】命令。

项目实战

实战 1　制作"家电部销售统计表"

家电部销售统计表效果如图 6-42 所示。

	A	B	C	D	E	F
1						
2			家电部销售统计表			
3			商品类别	2010	2011	2012
4			家庭音响	¥21,000	¥24,000	¥26,000
5			液晶电视	¥30,000	¥31,000	¥32,000
6			洗衣机	¥180,000	¥220,000	¥230,000
7			电冰箱	¥29,000	¥32,000	¥35,000
8			摄像机	¥180,000	¥200,000	¥220,000
9			合计	¥399,000	¥433,000	¥517,000
10						

图 6-42　家电部销售统计表效果

1. 设置标题和表头

标题和表头效果如图 6-43 所示。

	A	B	C	D
1	家电部销售统计表			
2	商品类别	2010	2011	2012

图 6-43　标题和表头效果

(1) 在"A1"单元格输入标题"家电部销售统计表"，字体设置为"黑体"，字号设置为"20"。选中"A1:D1"单元格区域，单击【开始】选项卡【对齐方式】组的【合并后居中】按钮 ，对标题进行"合并及居中"操作，效果如图 6-43 所示。

(2) 底纹为"黄色"。单击【开始】选项卡【字体】组中的【填充颜色】下拉按钮 ，选择单元格底纹为"黄色"。

(3) 从"A2"单元格开始输入表头文字。"A2"单元格输入"商品类别";"B2"单元格输入"2010";"C2"和"D2"单元格可以按住键盘上的【Ctrl】键用填充方式进行横向递增填充，分别为"2011"和"2012"。字体设置为"宋体"，字号设置为"16"。

(4) 表头文字"居中"。单击【开始】选项卡【对齐方式】组中的【居中】按钮 。

(5) "A"列到"D"列的列宽为"11"。将鼠标指针移到列标"A"处，按下鼠标左键并向右拖动直至列标"D"，把第"A"列到第"D"列单元格全部选中，将鼠标指针移动到选中区域，单击右键，在弹出的快捷菜单中选择【列宽】命令，输入列宽为"11"，单击【确定】按钮。

2. 录入数据

录入数据效果如图 6-44 所示。

(1) 在"A3:D8"单元格区域输入如图 6-44 所示的内容，文字部分字体为"宋体"，数字部分为默认字体，字号为"11"。

图 6-44　录入数据效果

3. 编辑数据并美化表格

编辑数据并美化表格效果如图 6-45 所示。

图 6-45　编辑数据并美化表格效果

(1) 设置"B3:D8"单元格区域数字分类为"货币"，使用货币符号"￥"，保留"0"位小数。先选中"B3:D8"单元格区域，在所选区域上单击右键，在弹出的快捷菜单中选择【设置单元格格式】命令;再单击【设置单元格格式】对话框中【数字】标签，在【分类】中选择"货币"，右侧【货币符号(国家/地区)】处选择"￥"【小数位数】为"0"。

(2) 设置表格边框线。对照图 6-45，选择"A1:D8"单元格区域，单击【开始】选项卡【字体】组中的【下框线】下拉按钮 ，选择"所有框线"，为表格设置所有边框线；再单击【开始】选项卡【字体】组中的【下框线】下拉按钮 ，选择"粗匣框线"，为表格设置外边框线；最后选择"A2:D2"单元格区域，单击【开始】选项卡【字体】组中的【下框线】下拉按钮 ，选择"双底框线"，为表头设置特殊框线。

(3) 数字在各单元格中水平方向设置为"右对齐"，垂直方向设置为"居中"。选中"B3:D8"单元格区域，在所选区域上单击右键，在弹出的快捷菜单中选择【设置单元格格式】命令，单击【设置单元格格式】对话框中【对齐】标签，在【水平对齐】下拉列表中选择【右对齐】命令，在【垂直对齐】下拉列表中选择【居中】命令。

(4) 将表格向下移动 1 行、向右移动 2 列。鼠标指针单击标题所在行的行号"1"，选中整行，将鼠标指针移动到选中区域，单击右键，在弹出的快捷菜单中选择【插入】命令。鼠标指针单击列标"A"和"B"，选中两列，将鼠标指针移动到选中区域，单击右键，在弹出的快捷菜单中选择【插入】命令。

4. 重命名工作表

重命名工作表效果如图 6-42 所示。

重命名"Sheet1"工作表为"家电销售统计"。将鼠标指针移到"Sheet1"工作表的标签上，单击右键，在弹出的快捷菜单中选择【重命名】命令，然后输入新名称"家电销售统计"。

实战 2　制作"全国足球比赛积分表"

全国足球比赛积分表效果如图 6-46 所示。

队名	地区	第一季度	第二季度	第三季度	第四季度
北京	北部队	20	21	21	20
上海	南部队	19	22	20	23
天津	北部队	17	23	19	22
吉林	北部队	25	22	21	18
长沙	南部队	23	21	24	23

图 6-46　全国足球比赛积分表效果

1. 设置标题和表头

标题和表头效果如图 6-47 所示。

图 6-47　标题和表头效果

(1) 在"A1"单元格输入标题"全国足球比赛积分表"，字体设置为"黑体"，字号设置为"20"。选中"A1:F1"单元格区域，然后单击右键，在弹出的快捷菜单中选择【设置单元格格式】命令，再单击【设置单元格格式】对话框中【对齐】标签，在【文本对齐方式】中的【水平对齐】下拉列表中选择【跨列居中】命令。

(2) 设置底纹为"蓝色"，图案为"6.25%灰色"。单击【开始】选项卡【字体】组中的【填充颜色】下拉按钮 ，选择单元格底纹为"蓝色"。在所选区域上单击右键，在弹出的快捷菜单中选择【设置单元格格式】命令，再单击【设置单元格格式】对话框中【填充】标签，在【图案样式】下拉列表中选择"6.25%灰色"。

(3) 从"A2"单元格开始输入表头文字。"A2"单元格输入"队名"，"B2"单元格输入"地区"，"C2:F2"单元格依次输入"第一季度"、"第二季度"、"第三季度"和"第四季度"。字体设置为"宋体"，字号设置为"14"，调整合适的列宽。

2. 编辑数据并美化表格

编辑数据并美化表格效果如图 6-46 所示。

(1) 在"A3:F7"单元格区域输入如图 6-46 所示的内容。文字部分字体为"楷体"，数字部分为默认字体，字号为"12"。

(2) 设置"C、D、E、F"列的列宽为"10"。将鼠标指针移到列标"C"处，按下鼠标左键并向右拖动至列标"F"，把第"C"列到第"F"列单元格全部选中，将鼠标指针移动到选中区域，单击右键，在弹出的快捷菜单中选择【列宽】命令，输入列宽为"10"，单击【确定】按钮。

(3) 设置表格边框线。对照图 6-46，选择"A1:F7"单元格区域，单击【开始】选项卡【字体】组中的【下框线】下拉按钮 ，选择"所有框线"，为表格设置所有边框线。在所选区域上，单击右键，在弹出的快捷菜单中选择【设置单元格格式】命令，打开【设置单元格格式】对话框，选择【边框】标签，在线条样式处选择"━━"，【预置】处选择"外边框"，设置好表格的外边框，如图 6-48 所示。

图 6-48　设置表格外边框

(4) 数字在各单元格中水平方向"右对齐"，垂直方向"居中"。选中"C3:F7"单元格区域，然后单击右键，在弹出的快捷菜单中选择【设置单元格格式】命令，单击【设置单元格格式】对话框中【对齐】标签，在【水平对齐】下拉列表中选择【右对齐】命令，在【垂直对齐】下拉列表中选择【居中】命令。

(5) 重命名"Sheet1"工作表为"全国足球比赛积分"。将鼠标指针移到"Sheet1"工作表的标签上，单击右键，在弹出的快捷菜单中选择【重命名】命令，然后输入新名称"全国足球比赛积分"。

实战 3　制作"公司员工人事档案表"

公司员工人事档案表效果如图 6-49 所示。

序号	姓名	部门	职务	职称	学历	参加工作时间	性别	籍贯	年龄
1	周明明	市场	主管	经济师	本科	1998年6月6日	男	重庆	41
2	张和平	物流	项目主管	高级工程师	硕士	1998年3月16日	男	四川	39
3	潘越明	财务	财务总监	高级会计师	硕士	1997年7月20日	男	四川	45
4	郑裕彤	市场	业务员	无	本科	2003年4月3日	女	北京	25
5	郭丽明	市场	业务员	无	本科	2005年4月4日	男	北京	33

图 6-49　公司员工人事档案表效果

1. 设置标题和录入数据

标题和录入数据效果如图 6-50 所示。

序号	姓名	部门	职务	职称	学历	参加工作时间	性别	籍贯	年龄
1	周明明	市场	主管	经济师	本科	1998/6/6	男	重庆	41
2	张和平	物流	项目主管	高级工程师	硕士	1998/3/16	男	四川	39
3	潘越明	财务	财务总监	高级会计师	硕士	1997/7/20	男	四川	45
4	郑裕彤	市场	业务员	无	本科	2003/4/3	女	北京	25
5	郭丽明	市场	业务员	无	本科	2005/4/4	男	北京	33

图 6-50　标题和录入数据效果

(1) 在"A1"单元格输入标题"公司员工人事档案管理表"，字体设置为"黑体"，字号设置为"20"，字体颜色设置为"深蓝"。选中"A1:J2"单元格区域，单击【开始】选项卡【对齐方式】组的【合并后居中】按钮 ，对标题进行"合并及居中"操作。

(2) 从"A3:J8"单元格区域开始输入员工档案数据，如图 6-50 所示。在录入"部门"、"学历"、"性别"等列的数据时，由于需要在多个区域输入同一数据，为了加快录入速度，可以一次性输入。首先通过【Ctrl】键分别单击需要输入相同数据的单元格区域，然后直接输入数据，输入完成后，按下【Ctrl】+【Enter】的组合键即可。

2. 编辑数据并美化表格

编辑数据并美化表格效果如图 6-49 所示。

(1)"职称"列数据设置自动换行效果。选中"职称"列数据"E4：E8"单元格区域，单击【开始】选项卡【对齐方式】组的【自动换行】按钮 。

(2) 设置"参加工作时间"列数据格式为"长日期"格式。选中"参加工作时间"列数据"G4:G8"单元格区域，单击【开始】选项卡【数字】组的【常规】下拉列表中的【长日期】按钮 长日期。

(3) 将表中"A3：J3"的表头文字设置为水平居中。选中"A3：J3"单元格区域，单击【开始】选项卡【对齐方式】组的【居中】按钮 ▆。

(4) 将"序号"、"部门"、"学历"、"性别"、"籍贯"列的数据区域对齐方式设置为水平和垂直方向都居中。单击"序号"所在列的列标"A"，按住键盘上的【Ctrl】键，单击其余列列标，选择不连续的单元格区域；再单击【开始】选项卡【对齐方式】组的【居中】按钮 ▆，进行水平居中；然后单击【开始】选项卡【对齐方式】组的【垂直居中】按钮 ▆，进行垂直居中。

(5) 选中"A3：J8"单元格区域。单击【开始】选项卡【样式】组的【套用表格格式】按钮 ▆，弹出如图 6-51 所示的对话框。选择"表格样式中等深浅 11"，弹出如图 6-52 所示的【套用表格式】对话框。在【表数据的来源】输入框中，已经自动输入了选定的表格区域，单击【确定】按钮，完成表格自动套用格式的操作。

图 6-51　套用表格格式列表　　　　　图 6-52　【套用表格格式】对话框

(6) 设置表格边框线。对照图 6-49，选择"A3:J8"单元格区域，单击【开始】选项卡【字体】组中的【下框线】下拉按钮 ▆，选择"所有框线"，为表格设置所有边框线；再单击【开始】选项卡【字体】组中的【下框线】下拉按钮 ▆，选择"粗匣框线"，为表格设置外边框线。

(7) 设置表格标题和表头为打印标题。单击【页面布局】选项卡【页面设置】组中的【打印标题】按钮 ，弹出【页面设置】对话框；再单击【页面设置】对话框【工作表】标签下的【顶端标题行】数值框右侧的单元格引用按钮，打开【页面设置-顶端标题行】对话框。此时，光标变为向右的黑色箭头，接着在工作表中选择好需要在每一页都打印输出的标题行，这时【页面设置-顶端标题行】框中会显示"$1:$3"，意思是第1行到第3行作为每页打印输出时的标题行(我们也可以不选择标题行，而直接输入"$1:$3")。再次单击单元格引用按钮 ，于是返回【页面设置】对话框，此时在【顶端标题行】数值框中显示了添加的标题行区域，单击【确定】按钮。

(8) 重命名"Sheet1"工作表为"员工档案"。将鼠标指针移到"Sheet1"工作表的标签上，单击右键，在弹出的快捷菜单中选择【重命名】命令，然后输入新名称"员工档案"。

技能提升

如何让一个庞大的数据表更便于浏览

利用 Excel 做几十、几百行的表格很平常。但是在当前窗口中，经常会发生表格无法全部显示的情况。看下面的表格数据时看不到表格的标题和表头内容，无法让读者明了每一列的数据究竟代表什么意思。我们看怎么解决这样的问题。

【例6-1】　如何让每一页都显示标题行——冻结窗口。

操作步骤：

(1) 单击表格表头行下一行最前端的单元格，即"A3"单元格，再单击【视图】选项卡【窗口】组的【冻结窗格】按钮 ，打开如图6-53所示菜单，选择【冻结拆分窗格】命令。这时，表格会被分割线分成上下两部分；第一部分显示为标题行和表头行，即所选单元格上方的所有行；第二部分显示为表头行下方数据。

图6-53　冻结窗格菜单

(2) 这时试着翻页，会发现每页都有标题和表头行，如图6-54所示。

	姓名	部门代码	部门	职务	基本工资	津贴	奖金	扣款额	实发工资
					工资记录单				
18	郑裕同	0368	技术部	技术员	¥380.0	¥210.0	¥540.0	¥69.0	¥1,061.0
19	郭丽明	0369	技术部	技术员	¥900.0	¥280.0	¥350.0	¥45.5	¥1,484.5
20	赵海	0370	技术部	工程师	¥1,600.0	¥540.0	¥650.0	¥66.0	¥2,724.0
21	高歌	0371	技术部	技术员	¥880.0	¥270.0	¥420.0	¥56.0	¥1,514.0
22	钟凝	0132	销售部	业务员	¥1,500.0	¥450.0	¥1,200.0	¥98.0	¥3,052.0
23	李凌	0132	销售部	业务员	¥400.0	¥260.0	¥890.0	¥86.5	¥1,463.5
24	薛海仓	0132	销售部	业务员	¥1,000.0	¥320.0	¥780.0	¥66.5	¥2,033.5
25	罗晶晶	0132	销售部	业务员	¥930.0	¥300.0	¥650.0	¥65.0	¥1,815.0
26	张和平	0259	财务部	出纳	¥450.0	¥230.0	¥290.0	¥78.0	¥892.0
27	潘越明	0259	财务部	会计	¥950.0	¥290.0	¥360.0	¥53.5	¥1,546.5
28	郑裕同	0368	技术部	技术员	¥380.0	¥210.0	¥540.0	¥69.0	¥1,061.0
29	郭丽明	0369	技术部	技术员	¥900.0	¥280.0	¥350.0	¥45.5	¥1,484.5
30	赵海	0370	技术部	工程师	¥1,600.0	¥540.0	¥650.0	¥66.0	¥2,724.0
31	高歌	0371	技术部	技术员	¥880.0	¥270.0	¥420.0	¥56.0	¥1,514.0
32	钟凝	0132	销售部	业务员	¥1,500.0	¥450.0	¥1,200.0	¥98.0	¥3,052.0
33	李凌	0132	销售部	业务员	¥400.0	¥260.0	¥890.0	¥86.5	¥1,463.5
34	薛海仓	0132	销售部	业务员	¥1,000.0	¥320.0	¥780.0	¥66.5	¥2,033.5

图 6-54　冻结窗口

(3) 当不再需要对窗口进行冻结时，单击【视图】选项卡【窗口】组的【冻结窗格】按钮 ，选择【取消冻结窗格】命令即可。

♻ **知识链接——同时冻结横竖窗格**

当 Excel 表中需要同时冻结横竖窗格时，在要冻结的横竖交叉点处选择单元格，再单击【视图】选项卡【窗口】组的【冻结窗格】按钮 ，选择【冻结拆分窗格】命令，于是其冻结的是选定单元格上面的行和左边的列。

项目七 Excel 高级应用——学生成绩统计分析

本项目主要通过对学生成绩进行统计分析，讲述如何利用 Excel 2010 进行简单的公式和常用函数的计算，以及如何利用图表功能直观地展示数据的变化趋势。

 项目目标

➢ 熟练掌握 Excel 常用函数的功能并运用。
➢ 熟练掌握 Excel 常用公式的形式。
➢ 熟练掌握 Excel 图表的建立和修改。

 项目描述

期末考试结束后，得到某班 30 名学生的思想品德、高等数学、大学英语和计算机应用四科的考试成绩。现要求计算出学生各科成绩的总分、平均分和名次，并根据平均分判断成绩所处等级，从而制作出学生成绩表；再通过对学生成绩表内的数据进行统计和分析，计算出不及格人数占总人数的比例，从而得到成绩统计表；最后根据成绩统计表中的数据制成直观表明各个分数段人数的成绩统计图。项目效果分别如图 7-1、图 7-2 和图 7-3 所示。

学号	姓名	性别	思想品德	高等数学	大学英语	计算机应用	总分	平均分	等级	名次
2009040101	孙旭	男	88	76	93	78	335	84	及格	2
2009040102	姜云龙	男	69	82	96	85	332	83	及格	3
2009040103	李良平	男	65	71	80	99	315	79	及格	12
2009040104	陈明杰	男	69	84	35	80	268	67	及格	25
2009040105	高俊伟	男	74	75	78	90	317	79	及格	11
2009040106	李虹	女	67	79	47	99	292	73	及格	19
2009040107	王海迪	女	98	74	96	87	355	89	及格	1
2009040108	王维生	男	86	85	76	79	326	82	及格	7
2009040109	李星宇	男	81	94	94	60	329	82	及格	5
2009040110	刘文庄	男	50	56	91	51	248	62	及格	27
2009040111	闫迪	男	77	62	72	69	280	70	及格	23
2009040112	高月月	女	87	71	82	90	330	83	及格	4
2009040113	李新	女	81	72	92	79	324	81	及格	9
2009040114	李家伟	男	75	91	83	58	307	77	及格	14
2009040115	王萍	女	81	54	34	53	222	56	不及格	30
2009040116	李晓凡	女	96	68	74	67	305	76	及格	15
2009040117	刘洋	女	88	75	46	83	292	73	及格	19
2009040118	高博	男	54	62	49	81	246	62	及格	28
2009040119	孟敬涛	男	70	90	72	68	300	75	及格	17
2009040120	孙学亮	男	45	63	81	53	242	61	及格	29
2009040121	王雪	女	78	94	68	89	329	82	及格	5
2009040122	王哲	男	91	72	83	77	323	81	及格	10
2009040123	任娟	女	62	71	68	80	281	70	及格	21
2009040124	张金凤	女	87	46	71	66	270	68	及格	24
2009040125	高明远	男	68	93	55	83	299	75	及格	18
2009040126	姚晓林	女	82	77	85	81	325	81	及格	8
2009040127	韩东洋	男	55	43	91	71	260	65	及格	26
2009040128	孙心洁	女	73	72	62	74	281	70	及格	21
2009040129	李博	男	65	80	70	90	305	76	及格	15
2009040130	杨超	男	82	69	78	84	313	78	及格	13

图 7-1 学生成绩表

图 7-2　成绩统计表

图 7-3　成绩统计图

 项目实施

任务一　工作簿的建立

【任务内容】新建一个 Excel 工作簿，以"成绩"为文件名，保存到"桌面"。将 Sheet1 工作表重命名为"学生成绩表"，Sheet2 工作表重命名为"成绩统计表"，Sheet3 工作表重命名为"成绩统计图"。

(1) 建立"成绩"工作簿。

① 启动 Excel。

② 单击快速访问工具栏中的【保存】按钮 💾，在【另存为】对话框中将文件名由"Book1.xls"改为"成绩.xls"，在对话框左侧选择"桌面"选项，再单击对话框中的【保存】按钮，将文件保存到桌面。

(2) 重命名工作表。

① 将鼠标指针移到"Sheet1"工作表的标签上，单击右键，在弹出的快捷菜单中选择【重命名】命令，然后输入新名称"学生成绩表"。

② 将鼠标指针移到"Sheet2"工作表的标签上，单击右键，在弹出的快捷菜单中选择【重命名】命令，然后输入新名称"成绩统计表"。

③ 将鼠标指针移到"Sheet3"工作表的标签上，单击右键，在弹出的快捷菜单中选择【重命名】命令，然后输入新名称"成绩统计图"。

任务二　在工作簿中输入相关的数据

【任务内容】输入"学生成绩表"中相应数据。设置标题格式：字体设置为"仿宋"，字号为"18"，"加粗"，标题在"A1:K1"区域内"跨列居中"，标题行行高设置为"30"。表头行格式：字体设置为"宋体"，字号为"12"，添加"浅绿"底纹，文字对齐设置为"水平和垂直居中"。表格外框：外边框设置为双细线，内边框设置为单细线。四科成绩中所有不及格(小于60)的成绩所在单元格底纹设置为"浅黄"。

输入"成绩统计表"中相应数据。设置标题格式：字体设置为"仿宋"，字号为"20"，"加粗"，标题在"A1:E1"区域内"跨列居中"。表头行格式：字体设置为"宋体"，字号为"12"，添加"浅黄"底纹，同时为"A3:A9"单元格区域添加"浅黄"底纹，文字设置为"水平居中"。表格所有框线为单细线。

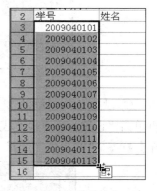

图7-4　学号填充

(1) 在"学生成绩表"工作表中输入数据。

① 在表格中分别输入标题行、表头行、姓名列、性别列和四科成绩，如图7-1所示。

② 输入学号列数据，鼠标单击"A3"单元格，在"A3"单元格中输入学号"2009040101"，按【Enter】键。鼠标指向A3单元格的"填充柄"(位于单元格右下角的小黑块)，此时鼠标指针变为"＋"，按住【Ctrl键】的同时，按住鼠标向下拖动填充柄至目标单元格时释放鼠标，填充效果如图7-4所示。

(2) 设置标题格式。

① 选中"A1"单元格，单击【开始】选项卡【字体】组中的【字体】下拉按钮，选择"仿宋"，单击【字号】下拉按钮，选择"18"，单击【加粗】按钮，进行字体加粗设置。

② 选中"A1:K1"单元格区域，单击右键，在弹出的快捷菜单中选择【设置单元格格式】命令，弹出【设置单元格格式】对话框。单击【设置单元格格式】对话框中的【对齐】标签，在【文本对齐方式】中的【水平对齐】下拉列表中选择【跨列居中】命令。

③ 单击行号"1"，选中标题所在第一行，在【开始】选项卡中，单击【单元格】组中的【格式】下拉按钮，选【行高】命令，输入行高为"30"，单击【确定】按钮。

(3) 设置表头格式。

① 选中"A2:K2"单元格区域，在【开始】选项卡中的【字体】组内，单击【字体】下拉按钮，选择"宋体"，再单击【字号】下拉按钮，选择"12"。

② 单击【字体】组中的【填充颜色】按钮 的下拉箭头，选择单元格底纹为"浅绿"。

③ 在所选区域上单击右键，在弹出的快捷菜单中选择【设置单元格格式】命令，单击【设置单元格格式】对话框中的【对齐】标签，在【水平对齐】下拉列表中选择【居中】命令，在【垂直对齐】下拉列表中选择【居中】命令。

(4) 设置表格边框线。

① 对照图7-1，选择"A1:K32"单元格区域，单击【字体】组中的【下框线】下拉按钮 ，选择"所有框线"，为表格设置所有边框线。

② 在所选区域上，单击右键，在弹出的快捷菜单中选择【设置单元格格式】命令，打开【设置单元格格式】对话框，选择【边框】标签，选择线条样式为"＝＝＝＝"，【预置】处选择"外边框" ，设置好表格外边框。

(5) 设置条件格式。

① 选中单元格区域"D3:G32"。

② 单击【开始】选项卡【样式】组中的【条件格式】下拉按钮，选择【突出显示单

元格规则】中的【小于】命令，打开【小于】对话框，如图 7-5 所示。

图 7-5　【小于】对话框

③　先在该对话框的"<span></span>"中设置"单元格数值"、"小于"和"60"，再单击"设置为"下拉列表中的【自定义格式】命令，打开【设置单元格格式】中的【填充】标签，"背景色"选择"浅黄"，最后单击【确定】按钮，如图 7-6 所示。

图 7-6　【设置单元格格式】对话框

(6) 在"成绩统计表"工作表中输入数据并设置格式。

①　单击标签栏的"成绩统计表"，在工作表中分别输入标题行、表头行、分数段列的数据，如图 7-2 所示。

②　选中"A1"单元格，单击【开始】选项卡【字体】组内的【字体】下拉按钮，选择"仿宋"，单击【字号】下拉按钮，选择"20"，单击【加粗】按钮 **B**，进行字体加粗设置。

③　选中"A1:E1"单元格区域，然后单击右键，在弹出的快捷菜单中选择【设置单元格格式】命令，弹出【设置单元格格式】对话框；再单击【设置单元格格式】对话框中【对齐】标签，在【文本对齐方式】中的【水平对齐】下拉列表中选择【跨列居中】命令。

④　选中"A2:E2"单元格区域，选择【开始】选项卡中的【字体】组，在【字体】下拉按钮中选择"宋体"，在【字号】下拉按钮中选择"12"。

⑤　按住键盘上的【Ctrl】键的同时，选中"A3:A9"单元格区域，单击【开始】选项卡中的【字体】组中的【填充颜色】按钮 的下拉箭头，选择单元格底纹为"浅黄"。

⑥　对照图 7-2，选择"A2:E9"单元格区域，单击【开始】选项卡中的【字体】组内【下框线】下拉按钮 ，选择"所有框线"，为表格设置所有边框线。

任务三　使用常用函数进行计算

【任务内容】使用函数计算"学生成绩表"中"总分"、"平均分"、"等级"和"名次"列的数据，计算"成绩统计表"中各科"90~100"和"59 以下"分数段人数。

(1) "总分"列单元格计算。

SUM 函数是计算单元格区域中所有数值的和，也就是求和函数。

语法格式：

　　　SUM(number1, number2, …)

其只有 1 个参数，number1，number2，… 为 1 到 255 个待求和的数值。

　① 在标签栏单击"学生成绩表"工作表。

　② 选择目标单元格"H3"。

　③ 单击【编辑栏】处的【插入函数】按钮 ，弹出【插入函数】对话框，如图 7-7 所示。

图 7-7 【插入函数】对话框

　④ 在打开的【插入函数】对话框中选择函数"SUM"，单击【确定】按钮，弹出【函数参数】对话框，如图 7-8 所示。

图 7-8 【函数参数】对话框

　　⑤　在打开的【函数参数】对话框中，对函数参数进行引用，单击"Number1"输入框右侧的按钮，单击"D3"单元格，并拖动到"G3"单元格，如图7-9所示，选定这一单元格区域后，再次单击输入框右侧的按钮，于是返回【函数参数】对话框，单击【确定】按钮。

	B	C	D	E	F	G	H	I
fx	=SUM(D3:G3)							
		性别	思想品德	高等数学	大学英语	计算机应用	总分	名次
		男	88	76	93	78	=SUM(D3:G3)	
	龙	男	69	82	96	85		
	平	男	65	71	80	99		
	杰	男						
	伟	男						
		女	67	79	47	99		

图7-9　引用成绩

　　⑥　鼠标指针指向"H3"单元格的填充柄，当鼠标指针变为"＋"时，单击鼠标并向下拖动，将"H3"单元格的函数自动复制到其他单元格中。

知识链接——函数

　　Excel 中的函数是一种预定义了计算功能的内置公式，它使用一些参数作为特定数值按特定的顺序或结构进行计算，然后返回结果。所有函数都包含函数名、参数和圆括号三部分。

　　(2)"平均分"列单元格计算。

　　AVERAGE 函数是返回其参数的算术平均值，即求平均值函数。

　　语法格式：

　　　　AVERAGE(number1, number2 , …)

其只有 1 个参数， number1，number2，…为用于计算平均值的 1 到 255 个数值参数。

　　①　选择目标单元格"I3"。

　　②　单击【编辑栏】处的【插入函数】按钮 fx，弹出【插入函数】对话框。

　　③　在打开的【插入函数】对话框中选择函数"AVERAGE"，单击【确定】按钮，这时弹出【函数参数】对话框。

　　④　在打开的【函数参数】对话框中，单击"Number1"输入框右侧的 按钮，单击"D3"单元格，并拖动到"G3"单元格，选定这一单元格区域后，再次单击输入框右侧的 按钮，于是返回【函数参数】对话框，单击【确定】按钮。

　　⑤　鼠标指针指向"I3"单元格的填充柄，当鼠标指针变为"＋"时，单击鼠标并向下拖动，将"I3"单元格的函数自动复制到其他单元格中。

　　(3)"等级"列单元格计算。

　　IF 函数是判断一个条件是否满足，如果满足返回一个值，如果不满足则返回另一个值。

　　语法格式：

　　　　IF(Logical_test，Value_if_true, Value_if_false)

其共包括 3 个参数，Logical_test 为任何一个可判断为真或假的条件；value_if_true 为当条件为真时返回的值；value_if_false 为条件为假时返回的值。

① 选择目标单元格"J3"。

② 单击【编辑栏】处的【插入函数】按钮 *fx*，弹出【插入函数】对话框。

③ 在打开的【插入函数】对话框中，选择函数"IF"，单击【确定】按钮，这时弹出【函数参数】对话框。

④ 在打开的【函数参数】对话框中，单击"Logical_test"输入框，输入判断条件"I3>=60"；单击"Value_if_true"输入框，输入条件为真时的返回值""及格""(及格二字需用英文的双引号)；单击"Value_if_false"输入框，输入条件为假时的返回值""不及格""，返回【函数参数】对话框，单击【确定】按钮，如图 7-10 所示。

图 7-10　IF 函数参数

　知识链接——单元格引用

单元格引用是指公式中指明的一个单元格或一组单元格的引用。公式中对单元格的引用分为相对引用、绝对引用和混合引用。

用"D3"这种方式表示的引用为"相对引用"，当公式在复制或移动时，相对引用单元格的地址会随着公式的移动而自动改变；用"D3"这种方式表示的引用为"绝对引用"，它是指当公式在复制或移动时，公式中引用单元格的地址不会随着公式的移动而改变；混合引用是相对引用与绝对引用的混合使用。

⑤ 鼠标指针指向"J3"单元格的填充柄，当鼠标指针变为"＋"时，单击鼠标并向下拖动，将"J3"单元格的函数自动复制到其他单元格中。

(4) "名次"列单元格计算。

RANK 函数是排定名次的函数，用于返回一个数值在一组数值中的排序，排序时不改变该数值原来的位置。

语法格式：

　　RANK(Number, Ref, Order)

其共包括 3 个参数，Number 为需要排位的数字；Ref 为数字列表数组或对数字列表的引用；Order 指明排位的方式，如 Order 值为 0 或省略，按照降序排列，如果 Order 值不为 0，按照升序排列。

① 选择目标单元格 "K3"。

② 单击【编辑栏】处的【插入函数】按钮 fx，弹出【插入函数】对话框。

③ 在打开的【插入函数】对话框中，选择函数 "RANK"，单击【确定】按钮，这时弹出【函数参数】对话框。

④ 在打开的【函数参数】对话框中，单击 "Number" 输入框右侧的 按钮，选择 "H3" 单元格；再单击 "Ref" 输入框右侧的 按钮，选择列标 "H"，最后一个参数 "Order" 因为是降序排列，可以省略，单击【确定】按钮，如图 7-11 所示。

图 7-11　RANK 函数参数

⑤ 鼠标指针指向 "K3" 单元格的填充柄，当鼠标指针变为 "＋" 时，单击鼠标并向下拖动，将 "K3" 单元格的函数自动复制到其他单元格中。

(5) 各科 "90~100" 和 "59 以下" 分数段人数单元格计算。

COUNTIF 函数的功能是统计指定区域内满足给定条件的单元格数目。

语法格式：

　　　　COUNTIF(Range, Criteria)

其中，Range 指定单元格区域；Criteria 表示指定的条件表达式。

① 在标签栏单击 "成绩统计表" 工作表。

② "成绩统计表" 工作表中，选择目标单元格 "B3(90~100 人数)"。

③ 单击【编辑栏】处的【插入函数】按钮 fx，弹出【插入函数】对话框。

④ 在打开的【插入函数】对话框中，选择函数 "COUNTIF"，单击【确定】按钮。

⑤ 在打开的【函数参数】对话框中，单击 "Range" 输入框右侧的 按钮，单击 "学生成绩表" 工作表标签，在 "学生成绩表" 中选择参数范围 "D3:D32"；再单击 "Criteria" 输入框，输入统计条件 ">=90"，单击【确定】按钮，如图 7-12 所示。

⑥ 鼠标指针指向 "B3" 单元格的填充柄，当鼠标指针变为 "＋" 时，单击鼠标并向右拖动，将 "B3" 单元格中的函数复制到其余三学科所在的单元格中。

图 7-12　COUNTIF 函数参数

⑦ 选择目标单元格 "B7(59 以下人数)"，当对函数的语法格式比较熟悉后，可以在编辑栏处直接输入 "=COUNTIF(学生成绩表!D3:D32,"<60")"，按【Enter】键确定。

⑧ 鼠标指针指向 "B7" 单元格的填充柄，当鼠标指针变为 "＋" 时，单击鼠标并向右拖动，将 "B7" 单元格中的函数复制到其余三学科所在的单元格中。

任务四　使用简单公式进行计算

【任务内容】使用公式计算 "成绩统计表" 中 "80–89"、"70–79" 和 "60–69" 分数段的人数，计算 "总计" 和 "不及格比例" 行的数据。

Excel 中的公式是指在单元格中执行计算功能的等式。

所有公式输入时都必须以 "=" 开头，"=" 后面是参与计算的运算数和运算符。公式可以直接输入到目标单元格内，也可以在选中单元格后，输入到【编辑栏】内，如图 7-13 所示。

图 7-13　输入公式

常用运算符：

➤ 算术运算符：+ (加)、− (减)、* (乘)、/ (除)、^ (乘方)、% (百分号)等。

➤ 比较运算符：= (等于)、< (小于)、> (大于)、<= (小于等于)、>= (大于等于)、<> (不等于)。

➤ 引用运算符：冒号 ":" (区域运算符)用于对指定区域的引用。如 "A1:D3" 表示引用它们之间矩形区域内的数据。逗号 "," (联合运算符)，如 "A1, D3" 表示引用 A1、D3 单元格内的数据。

(1) 各科 "80–89"、"70–79" 和 "60–69" 分数段人数单元格计算。

① 选择目标单元格"B4(80~89人数)",在【编辑栏】处输入"=COUNTIF(学生成绩表!D3:D32, ">=80")-B3",如图7-14所示,按【Enter】键确定。

图7-14　在编辑栏输入公式

② 选择目标单元格"B5(70~79人数)",在【编辑栏】处输入"=COUNTIF(学生成绩表! D3:D32, ">=70")-B4-B3",按【Enter】键确定。

③ 选择目标单元格"B6(60~69人数)",在【编辑栏】处输入"=COUNTIF(学生成绩表! D3:D32, ">=60")-B3-B4-B5",按【Enter】键确定。

④ 鼠标指针分别指向"B4"、"B5"和"B6"单元格的填充柄,当鼠标指针变为"+"时,单击鼠标并向右拖动,将以上单元格中的函数复制到其余三学科所在的单元格中。

(2) "总计"行单元格计算。

① 选择目标单元格"B8"。

② 单击【编辑栏】处的【插入函数】按钮 f_x ,弹出【插入函数】对话框。

③ 在打开的【插入函数】对话框中,选择函数"SUM",单击【确定】按钮,弹出【函数参数】对话框。

④ 在打开的【函数参数】对话框中,对函数参数进行引用,单击"Number1"输入框右侧的引用按钮,单击"B3"单元格,并拖动到"B7"单元格,选定这一单元格区域后,再次单击引用按钮,返回【函数参数】对话框,单击【确定】按钮。

⑤ 鼠标指针指向"B8"单元格的填充柄,当鼠标指针变为"+"时,单击鼠标并向右拖动,将"B8"单元格的函数自动复制到其他单元格中。

(3) "不及格比例"行单元格计算。

① 选择目标单元格"B9"。

② 在单元格内,或者在上方【编辑栏】处输入"=B7/B8",按【Enter】键确认,如图7-15所示。

B9		f_x =B7/B8	
	A	B	C
8	总计	30	30
9	不及格比例	13%	
10			

图7-15　输入公式

③ 鼠标指针指向"B9"单元格的填充柄,当鼠标指针变为"+"时,单击鼠标并向右拖动,将"B9"单元格的函数自动复制到其他单元格中。

任务五　数据图表化

【任务内容】使用"成绩统计表"工作表中各分数段人数,创建图表"成绩统计图"。图表类型为"簇状柱形图",数据系列产生在"行",图表标题为"成绩统计图",横轴(X轴)为"分数段",纵轴(Y轴)为"人数"。

修改图表"成绩统计图"。将图表类型改为"三维簇状柱形图",将图表标题设置为"22"号、"蓝色"、"加粗",将绘图区的填充效果设置为"斜纹布"。

(1) 制作成绩统计图。

① 在"成绩统计表"工作表中，选择所需的数据单元格区域"A2:E7"。

② 单击【插入】选项卡中的【图表】组命令，单击【柱形图】下拉按钮，如图 7-16 所示。

③ 在【柱形图】下拉按钮中选 "二维柱形图"中的"簇状柱形图"，可得到"成绩统计图"，如图 7-17 所示。

图 7-16　图表类型

图 7-17　成绩统计图

④ 为图表添加标题。图表插入后会自动在选项卡上方出现【图表工具】，单击【布局】选项卡，选择【标签】组中的【图表标题】下拉按钮，选择"图表上方"样式，如图 7-18 所示。双击"图表标题"添加标题为"成绩统计图"，如图 7-19 所示。

图 7-18　图表标题选择

图 7-19　添加标题的成绩统计图

⑤ 添加横轴(X 轴)、纵轴(Y 轴)标题。单击【图表工具】中的【布局】选项卡，选择

【标签】组中的【坐标轴标题】下拉按钮，如图 7-20 所示。在 【主要横坐标轴标题】下拉列表中选择"坐标轴下方标题"，添加标题为"分数段"；再选择【主要纵坐标轴标题】，在下拉列表中选择"竖排标题"，添加标题为"人数"，如图 7-21 所示。

图 7-20　选择坐标轴标题

图 7-21　添加坐标轴标题后的统计图

(2) 图表修改。

① 改变图表类型：鼠标指向图表区，单击鼠标右键，在弹出的快捷菜单中选择【更改图表类型】命令，如图 7-22 所示。在【更改图表类型】对话框中更改为"柱形图"，子图表类型为"三维簇状柱形图"，单击【确定】按钮，如图 7-23 所示。

图 7-22　修改图表类型

图 7-23　修改后的成绩统计图

② 更改标题字体：在图表中，选中图表标题，单击【开始】选项卡【字体】组，选择字号为"24"，颜色为"蓝色"，字形为"加粗"，单击【确定】按钮，如图 7-24 所示。

图 7-24　修改标题字体后的成绩统计图

③ 填充背景色：把鼠标指向"绘图区"，双击绘图区图表或者单击鼠标右键，显示【设置绘图区格式】对话框，如图 7-25 所示。在【填充】标签中选择"图片或纹理填充"，将自动显示【填充效果】对话框，在【纹理】下拉列表中选择第 1 行第 3 列"斜纹布"，单击【确定】按钮，如图 7-26 所示。

图 7-25　【设置绘图区格式】对话框　　　　　图 7-26　修改完背景的统计图

 知识链接——图表的修改

对于图表的修改，在图表建立后，Excel 会在上方功能选项卡的右侧出现【图表工具】，其中包括 【设计】、【布局】、【格式】三个选项卡。

在【设计】选项卡下有【类型】、【数据】、【图表布局】、【图表样式】和【位置】组，可对图表的类型、行列转换、源数据的选择、图表布局方式等进行修改。

在【布局】选项卡下，有【图表区】、【插入】、【标签】、【坐标轴】等组，可对图表的标题、坐标轴等进行修改，也可插入图形、文本框、显示数据表等。

在【格式】选项卡下有【形状样式】、【艺术字样式】、【排列】、【大小】等组，可对图表的形状、大小进行修改，也可添加艺术字，等等。

 项目总结

通过制作学生成绩表和成绩统计图，我们加深了对 Excel 的学习，掌握了公式和函数的应用、数据的图表化操作等内容。公式和函数能够帮助我们更好地完成数据的统计，图表可以更加清晰、生动地表现数据，更易于表达数据之间的关系以及数据变化的趋势。在操作过程中，需要注意以下几点：

· 公式是对单元格中的数据进行计算的等式，输入公式前应先输入 "="。

· 复制公式时，公式中的单元格引用随着所在位置的不同而变化时，使用单元格的相对引用；不随所在位置的不同而变化时，使用单元格的绝对引用。

· 表现不同的数据关系时，要选择合适的图表类型，特别注意正确选择数据源。创建的图表既可以插入工作表中，生成嵌入图表，也可以生成一张单独的工作表。

项目实战

实战 1　制作"纽约汇市开盘预测"表和"英镑阻力位"图

"纽约汇市开盘预测"表与"英镑阻力位"图的效果分别如图 7-27 和图 7-28 所示。

	A	B	C	D	E	F	G
1			纽约汇市开盘预测				
2	预测项目	价位	英镑	马克	日元	瑞朗	加元
3	第一阻力位	阻力位	1.4860	1.6710	104.2500	1.4255	1.3759
4	第二阻力位	阻力位	1.4920	1.6760	104.6000	1.4291	1.3819
5	第三阻力位	阻力位	1.4960	1.6828	105.0500	1.4330	1.3840
6	第一支撑位	支撑位	1.4730	1.6635	103.8500	1.4127	1.3719
7	第二支撑位	支撑位	1.4680	1.6590	103.1500	1.4080	1.3690
8	第三支撑位	支撑位	1.4650	1.6545	102.5000	1.4040	1.3650
9	预计高位		1.4960	1.6828	105.0500	1.4330	1.3840
10	预计低位		1.4650	1.6545	102.5000	1.4040	1.3650

图 7-27　"纽约汇市开盘预测"表　　　　　图 7-28　"英镑阻力位"图

操作步骤：

(1) 新建 Excel 工作簿并输入数据。

① 启动 Excel，即创建一个新的 Excel 工作簿。单击快速访问工具栏中的【保存】按钮，在【另存为】对话框中将文件名由"Book1.xls"改为"汇市表"，在对话框左侧选择"桌面"选项，单击对话框中的【保存】按钮，将文件保存到桌面。

② 将鼠标指针移到"Sheet1"工作表的标签上，单击右键，在弹出的快捷菜单中选择【重命名】命令，然后输入新名称"开盘预测"。

③ 单击"A1"单元格，直接输入"纽约汇市开盘预测"，按【Enter】键确认。从"A2"单元格依次输入表头内容以及表中数据。"预计高位"和"预计低位"两行内容暂不输入。

(2) 用函数计算"预计高位"和"预计低位"两行数据。

① 选择目标单元格"C9"。

② 单击【编辑栏】处的【插入函数】按钮 f_x，弹出【插入函数】对话框。

③ 在打开的【插入函数】对话框中，选择函数"MAX"，单击【确定】按钮，弹出【函数参数】对话框。

④ 在打开的【函数参数】对话框中，对函数参数进行引用，单击"Number1"输入框右侧的引用按钮，单击"C3"单元格，并拖动到"C8"单元格，选定这一单元格区域后，再次单击引用按钮，返回【函数参数】对话框，单击【确定】按钮。

⑤ 鼠标指针指向"C9"单元格的填充柄，当鼠标指针变为"＋"时，单击鼠标并向右拖动，将"C9"单元格的函数自动复制到其他单元格中。

⑥ 选择目标单元格"C10"。

⑦ 再次单击【编辑栏】处的【插入函数】按钮 f_x，弹出【插入函数】对话框。

⑧ 在打开的【插入函数】对话框中，选择函数"MIN"，单击【确定】按钮，弹出【函数参数】对话框。

⑨ 在打开的【函数参数】对话框中，对函数参数进行引用，单击"Number1"输入框

右侧的引用按钮，单击"C3"单元格，并拖动到"C8"单元格，选定这一单元格区域后，再次单击引用按钮，返回【函数参数】对话框，单击【确定】按钮。

⑩ 鼠标指针指向"C10"单元格的填充柄，当鼠标指针变为"＋"时，单击鼠标并向右拖动，将"C10"单元格的函数自动复制到其他单元格中。

(3) 将"C"列至"G"列的列宽设置为"9"，并适当调整"A"列"B"列的列宽。

① 将鼠标指针移到列标"C"处，按下鼠标左键并向右拖动直至列标"G"，把第"C"列到第"G"列单元格全部选中。

② 将鼠标指针移动到选中区域，在【开始】选项卡【单元格】组中单击【格式】标签下拉按钮，选择【列宽】输入列宽为"9"，单击【确定】按钮。

(4) 设置单元格格式。

① 鼠标指针单击"A1"单元格。

② 在【开始】选项卡中选择【字体】组，单击【字体】下拉按钮，字体选择为"黑体"，单击【字号】下拉按钮，字号选择为"16"。

③ 选中"A1:G1"单元格区域，单击右键，在弹出的快捷菜单中选择【设置单元格格式】命令。

④ 单击【设置单元格格式】对话框中【对齐】标签，在【文本对齐方式】中的【水平对齐】下拉列表中选择"跨列居中"。

⑤【开始】选项卡选择【字体】组的中【填充颜色】下拉按钮 ，选择单元格底纹为"浅黄"；选中"A2:G2"单元格区域，单击【填充颜色】下拉按钮 ，选择单元格底纹为"浅绿"；选中"A3:G10"单元格区域，单击【填充颜色】下拉按钮 ，选择单元格底纹为"灰-25%"。

⑥ 选中"预计高位"和"预计低位"两行后，单击【开始】选项卡【字体】组中的【字体颜色】下拉按钮 ，选择字体颜色为"红色"。

⑦ 选择"C10:G10"单元格区域，单击右键，在弹出的快捷菜单中选择【设置单元格格式】命令，打开【设置单元格格式】对话框，选择【数字】标签，在【分类】列表下选择"会计专用"，保留"4"位小数，单击【确定】按钮。单击【开始】菜单下【对齐方式】组中的【文本右对齐】按钮 ，设置文字对齐方式为"右对齐"。

(5) 设置表格边框线。对照图 7-27，选择"A1:G10"单元格区域，单击【开始】选项卡【字体】组中的【下框线】下拉按钮 ，选择"所有框线"，为表格设置所有边框线，再选择"粗匣框线"，为表格设置外边框线。

(6) 定义单元格名称。

① 选择"预计高位"所在单元格"A9"。

② 在【名称框】处输入"卖出价位"，按【Enter】键确认。

(7) 复制工作表。

① 单击"开盘预测"工作表中的【全选】按钮(位于工作表的左上角，行号和列标交汇处)。

② 复制所选整个工作表。

③ 单击【标签栏】处"Sheet2"工作表，再单击"Sheet2"工作表中的"A1"单元格，进行粘贴。

(8) 使用"第一、第二、第三阻力位"和对应的"英镑"数据在"Sheet2"工作表中创建一个二维折线图。

① 在"Sheet2"工作表中，选择所需用的数据单元格区域"A3:A5"，按住键盘上的【Ctrl】键，同时选择"C3:C5"。

② 单击【插入】选项卡，选择【图表】组，单击【折线图】下拉按钮，选择图表类型为"二维折线图"，子图表类型为"折线图"，单击【确定】按钮。

③ 图表插入后会自动在选项卡上方出现【图表工具】，单击【设计】选项卡，再单击【图表布局】组中的【图题】下拉按钮，选择"布局一"样式，为图表添加标题，如图 7-29 所示。

图 7-29　有标题样式的阻力位图

④ 双击上图中的"图表标题"，修改图表标题为"英镑阻力位"，删除"系列 1"和"坐标轴标题"这两项，如图 7-28 所示，图表创建完成。

实战 2　制作"职员登记表"和"人数饼图"

职员登记表与人数饼图的效果分别如图 7-30 和图 7-31 所示。

	A	B	C	D	E	F	G	H
1				职员登记表				
2	员工编号	部门	性别	年龄	籍贯	工龄	工资	员工性质
3	1	开发部	男	30	陕西	5	￥2,000.00	老员工
4	2	测试部	男	32	江西	4	￥1,600.00	老员工
5	3	文档部	女	24	河北	2	￥1,200.00	新员工
6	4	市场部	男	26	山东	4	￥1,800.00	老员工
7	5	市场部	女	25	江西	2	￥1,900.00	新员工
8	6	开发部	女	26	湖南	2	￥1,400.00	新员工
9	7	文档部	男	24	广东	1	￥1,200.00	新员工
10	8	测试部	男	22	上海	5	￥1,800.00	老员工
11	9	开发部	女	32	辽宁	6	￥2,200.00	老员工
12	10	市场部	女	24	山东	4	￥1,800.00	老员工
13	11	市场部	女	25	北京	2	￥1,500.00	新员工
14	12	测试部	男	28	湖北	4	￥2,100.00	老员工
15	13	文档部	男	32	山西	2	￥1,500.00	新员工
16	14	开发部	男	36	陕西	6	￥2,500.00	老员工
17	15	测试部	女	25	江西	5	￥2,000.00	老员工
18	16	开发部	女	25	辽宁	3	￥1,700.00	新员工
19	17	市场部	男	26	四川	5	￥2,000.00	老员工
20	18	文档部	女	24	江苏	2	￥1,400.00	新员工
21								
22	部门	人数						
23	开发部	5						
24	测试部	4						
25	文档部	4						
26	市场部	5						

图 7-30　职员登记表　　　　　　　　　　　图 7-31　人数饼图

操作步骤:

(1) 新建 Excel 工作簿并输入数据。

① 启动 Excel,即创建一个新的 Excel 工作簿。单击快速访问工具栏中的【保存】按钮 ■,在【另存为】对话框中将文件名由"Book1.xls"改为"登记表",在对话框左侧选择"桌面"选项,单击对话框中的【保存】按钮,将文件保存到桌面。

② 将鼠标指针移到"Sheet1"工作表的标签上,单击右键,在弹出的快捷菜单中选择【重命名】命令,然后输入新名称"职员登记表"。

③ 单击"A1"单元格,直接输入"职员登记表",按【Enter】键确认。从"A2"单元格依次输入表头内容以及表中数据。"员工编号"列数据利用填充柄和键盘上的【Ctrl】键设置递增填充输入。"员工性质"和"人数"两列内容暂不输入,如图 7-30 所示。

④ 单击"A22"单元格,输入"部门",其余单元格内容按照图 7-30 所示输入,图中"员工性质"和"人数"列的浅绿色底纹数据暂不输入。

(2) 用函数计算"员工性质"列数据。

① 选择目标单元格"H3"。

② 单击【编辑栏】处的【插入函数】按钮 fx,弹出【插入函数】对话框。

③ 在打开的【插入函数】对话框中,选择函数"IF",单击【确定】按钮,弹出【函数参数】对话框。

④ 在打开的【函数参数】对话框中,单击"Logical_test"输入框,输入判断条件"F3>3";再单击"Value_if_true"输入框,输入条件为真时的返回值""老员工"";然后单击"Value_if_false"输入框,输入条件为假时的返回值""新员工"",返回【函数参数】对话框,单击【确定】按钮。

⑤ 鼠标指针指向"H3"单元格的填充柄,当鼠标指针变为"+"时,单击鼠标并向下拖动,将"H3"单元格的函数自动复制到其他单元格中。

(3) 用函数计算"人数"列数据。

① 选择目标单元格"B23"。

② 单击【编辑栏】处的【插入函数】按钮 fx,弹出【插入函数】对话框。

③ 在打开的【插入函数】对话框中,选择函数"COUNTIF",单击【确定】按钮。

④ 在打开的【函数参数】对话框中,单击"Range"输入框右侧的 ■ 按钮,选择参数范围"B3:B20";再单击"Criteria"输入框,输入统计条件""开发部"",单击【确定】按钮。

⑤ 选择目标单元格"B24"。

⑥ 在打开的【函数参数】对话框中,单击"Range"输入框右侧的 ■ 按钮,选择参数范围"B3:B20";再单击"Criteria"输入框,输入统计条件""测试部"",单击【确定】按钮。

⑦ 选择目标单元格"B25"。当对函数的语法格式比较熟悉后,可以在【编辑栏】处直接输入"=COUNTIF(B3:B20,"文档部")",按【Enter】键确定。

⑧ 选择目标单元格"B26"。在【编辑栏】处直接输入"=COUNTIF(B3:B20,"市场部")",按【Enter】键确定。

(4) 设置单元格格式。

① 鼠标指针单击"A1"单元格。

② 单击【开始】选项卡【字体】组中的【字体】下拉按钮，选择"仿宋"，单击【字号】下拉按钮，选择"20"。

③ 选中"A1:H1"单元格区域，单击右键，在弹出的快捷菜单中选择【设置单元格格式】命令。

④ 单击【设置单元格格式】对话框中【对齐】标签，在【文本对齐方式】中的【水平对齐】下拉列表中选择"跨列居中"。

⑤ 单击【字体】组中的【填充颜色】下拉按钮，选择单元格底纹为"黄色"；单击【字体颜色】下拉按钮 **A** ，选择字体颜色为"红色"。

⑥ 选择"G3:G20"单元格区域，单击右键，在弹出的快捷菜单中选择【设置单元格格式】命令，打开【设置单元格格式】对话框，选择【数字】标签，在【分类】下，选择"货币"，保留"2"位小数，应用货币符号选择"￥"，单击【确定】按钮。单击【对齐方式】工具框中的【文本右对齐】按钮 ，设置文字对齐方式为"右对齐"。

(5) 设置表格边框线。对照图 7-30，选择"A2:H20"单元格区域，按住键盘上的【Ctrl】键，同时选择"A22:B26"单元格区域，单击【字体】组中的【下框线】下拉按钮 ，选择"所有框线"，为表格设置所有边框线。

(6) 条件格式。

① 选中单元格区域"B3:B20"。

② 选择【样式】组的【条件格式】下拉列表，选择【突出显示单元格规则】中的【文本包含】选项，如图 7-32 所示。

图 7-32　条件格式选项示例

③ 在该对话框的第一个空白框中输入"市场部"，在【设置为】对话框下拉列表中选择"自定义格式"，在出现的【设置单元格格式】对话框中选【填充】标签，选择【背景色】下拉按钮中的颜色样表中第 1 行第 3 个"灰色"，为包含"市场部"三字的单元格添

加灰色底纹。

(7) 使用"部门"和对应的"人数"数据在"Sheet2"工作表中创建一个分离型三维饼图。

① 在"职员登记表"工作表中，选择所需用的数据单元格区域"A22:B26"。

② 单击【插入】选项卡【图表】组中的【饼图】下拉按钮，选择"三维饼图"中的"分离型三维饼图"。

③ 图表插入后会自动在选项卡上方出现【图表工具】，单击【布局】选项卡，选择【标签】组中的【数据标签】下拉列表中的"其他数据标签选项"，在【设置数据标签格式】对话框中【标签选项】选择"百分比"，为图表添加人数百分比数值，如图 7-33 所示。

图 7-33　图表数据百分比标签示例

实战 3　制作"费用统计表"和"费用项目比例图"

费用统计表和费用项目比例图的效果分别如图 7-34 和图 7-35 所示。

三月份费用统计表						
序号	费用分类	费用项目	明细			所占比率
			费率（元/人）	人数	小计金额	
1	工资	在编人员工资	￥1,500.00	24	￥36,000.00	26.47%
2		临时人员工资	￥800.00	30	￥24,000.00	17.65%
3		退休人员工资	￥1,000.00	22	￥22,000.00	16.18%
		小计			￥82,000.00	
5	福利费	医疗保险	￥200.00	60	￥12,000.00	8.82%
6		养老保险	￥300.00	60	￥18,000.00	13.24%
7		住房公积金	￥400.00	60	￥24,000.00	17.65%
		小计			￥54,000.00	
	合计				￥136,000.00	100.00%

图 7-34　费用统计表

图 7-35　费用项目比例图

操作步骤：

(1) 新建 Excel 工作簿并输入数据。

① 启动 Excel，即创建一个新的 Excel 工作簿。单击快速访问工具栏中的【保存】按钮，在【另存为】对话框中将文件名由 "Book1.xls" 改为 "费用统计表"，在对话框左侧选择 "桌面" 选项，单击对话框中的【保存】按钮，将文件保存到桌面。

② 将鼠标指针移到 "Sheet1" 工作表的标签上，单击右键，在弹出的快捷菜单中选择【重命名】命令，然后输入新名称 "费用统计表"。

③ 鼠标指针单击 "A1" 单元格，直接输入 "三月份费用统计表"，按【Enter】键确认，如图 7-34 所示。

(2) 设置单元格格式。

① 鼠标指针单击 "A1" 单元格。

② 单击【开始】选项卡【字体】组中的【字体】下拉按钮，选择 "宋体"，单击【字号】下拉按钮选择 "24"。

③ 选中 "A1:G1" 单元格区域，单击右键，在弹出的快捷菜单中选择【设置单元格格式】命令。单击【设置单元格格式】对话框中【对齐】标签，在【文本对齐方式】中的【水平对齐】下拉列表中选择 "跨列居中"；单击【字体】组中的【填充颜色】下拉按钮 ，选择单元格底纹为 "蓝色"；单击【字体颜色】下拉按钮 ，选择字体颜色为 "白色"。

④ 选中 "A2, A3" 单元格区域，单击右键，在弹出的快捷菜单中选择【设置单元格格式】命令。在单击【设置单元格格式】对话框中【对齐】标签，在【文本控制方式】中选择 "合并单元格"。以相同方法合并 "B2，B3" 单元格、"C2，C3" 单元格、"G2，G3" 单元格、"D2，E2，F2" 单元格，并输入相应的文字。单击【开始】选项卡【字体】组中的【字体】下拉按钮，选择 "黑体"，单击【字号】下拉按钮，选择 "20"；单击【字体】组中的【填充颜色】下拉按钮 ，选择单元格底纹为 "黄色"；单击【字体颜色】下拉按钮 ，选择字体颜色为 "黑色"，如图 7-34 所示。

⑤ 选中 "D4:D11" 单元格区域，按住键盘上的【Ctrl】键，同时选择 "F4:F12" 单元格区域，然后单击右键，在弹出的快捷菜单中选择【设置单元格格式】命令。打开【设置单元格格式】对话框，选择【数字】标签，在【分类】下选择 "货币"，保留 "2" 位小数，应用货币符号选择 "￥"，单击【确定】按钮。单击【对齐方式】工具框中的【文本右对齐】按钮 ，设置文字对齐方式为 "右对齐"。

⑥ 选中 "G4:G12" 单元格区域，单击右键，在弹出的快捷菜单中选择【设置单元格格式】命令。打开【设置单元格格式】对话框，选择【数字】标签，在【分类】下选择 "百分比"，保留 "2" 位小数，单击【确定】按钮。单击【对齐方式】工具框中的【文本右对齐】按钮 ，设置文字对齐方式为 "右对齐"。

⑦ 选中 "A4:F7" 单元格区域，按住键盘上的【Ctrl】键，同时选择 "G4:G11" 单元格区域，单击【字体】组中的【填充颜色】下拉按钮 ，选择单元格底纹为 "淡蓝色"。以相同方法设置 "A8:F11" 单元格区域底纹颜色为 "淡黄色"，"A12:G12" 单元格区域底纹颜色为 "金黄色"。

(3) 设置表格边框线。对照图 7-34，选择 "A2:G12" 单元格区域，单击【字体】组中的【下框线】下拉按钮 ，选择 "所有框线"，为表格设置所有边框线。

(4) 用公式计算工资类"小计金额"列数据。

① 选择目标单元格"F4"。

② 在"F4"单元格输入"=D4*E4",按【Enter】键确认,计算出"F4"单元格的"小计金额"。

③ 鼠标指针指向"F4"单元格的填充柄,当鼠标指针变为"＋"时,单击鼠标并向下拖动到"F6"单元格,将"F4"单元格的公式自动复制到"F6"。

(5) 用函数计算工资类"F7"单元格"小计金额"列数据。

① 选择目标单元格"F7"。

② 单击【编辑栏】处的【插入函数】按钮 *fx*,弹出【插入函数】对话框。

③ 在打开的【插入函数】对话框中,选择函数"SUM",单击【确定】按钮。

④ 在打开的【函数参数】对话框中,单击"Number1"输入框右侧的 按钮,选择参数范围"F4:F6",单击【确定】按钮。

(6) 用公式计算福利计费类"小计金额"列数据。

① 选择目标单元格"F8"。

② 在"F8"单元格输入"=D8*E8"。按【Enter】键确认,计算出"F8"单元格的"小计金额"。

③ 鼠标指针指向"F8"单元格的填充柄,当鼠标指针变为"＋"时,单击鼠标并向下拖动到"F10"单元格,将"F8"单元格的公式自动复制到"F10"。

(7) 用函数计算福利类"F11"单元格"小计金额"列数据。

① 选择目标单元格"F11"。

② 单击【编辑栏】处的【插入函数】按钮 *fx*,弹出【插入函数】对话框。

③ 在打开的【插入函数】对话框中,选择函数"SUM",单击【确定】按钮。

④ 在打开的【函数参数】对话框中,单击"Number1"输入框右侧的 按钮,选择参数范围"F8:F10",单击【确定】按钮。

(8) 用公式计算"F12"单元格"合计金额"数据。

① 选择目标单元格"F12"。

② 在"F12"单元格输入"=F7+F11",按【Enter】键确认,计算出"F12"单元格的"合计金额"。

(9) 用公式计算工资类"所占比率"列数据。

① 选择目标单元格"G4"。

② 在"G4"单元格输入"=G4/F12",按【Enter】键确认,计算出"G4"单元格的"所占比率"。

③ 鼠标指针指向"G4"单元格的填充柄,当鼠标指针变为"＋"时,单击鼠标并向下拖动到"G6"单元格,将"G4"单元格的公式自动复制到"G6"。

(10) 用公式计算福利类"所占比率"列数据。

① 选择目标单元格"G8"。

② 在"G8"单元格输入"=G8/F12",按【Enter】键确认,计算出"G8"单元格的"所占比率"。

③ 鼠标指针指向"G8"单元格的填充柄,当鼠标指针变为"＋"时,单击鼠标并向

下拖动到"G10"单元格，将"G8"单元格的公式自动复制到"G10"。

(11) 用公式计算"G12"单元格"合计金额"数据。

① 选择目标单元格"G12"。

② 在"G12"单元格输入"=G4+G5+G6+G8+G9+G10"，按【Enter】键确认，计算出"G12"单元格的"合计金额"。

(12) 根据"费用项目"与"所占比例"的数据在"Sheet2"工作表中创建一个三维饼图，如图 7-35 所示。

① 在"费用统计表"工作表中，先选择数据区域"C3:C6"，然后按住【Ctrl】键，再选择"C8:C10"、"G4:G6"、"G8:G10"。

② 单击【插入】选项卡【图表】组中的【饼图】下拉按钮，选择"三维饼图"。

③ 图表插入后会自动在选项卡上方出现【图表工具】，单击【布局】选项卡，选择【标签】组中的【数据标签】下拉列表中的"其他数据标签选项"，在【设置数据标签格式】对话框中【标签选项】选择"百分比"，为图表添入数百分比数值，如图 7-35 所示。

④ 双击图表标题，输入标题"费用项目比例图"。

 技能提升

IF 函数嵌套

本项目"学生成绩统计表"实现了对平均成绩的"及格"和"不及格"两等级划分，而在生活中多数情况下需要对学生成绩进行多等级划分。成绩的多等级划分需要用多个 IF 语句进行嵌套来实现。

仍以"学生成绩统计表"为例，假设我们的成绩等级划分是：0～59 为不及格，60～69 为及格，70～89 为良好，90～100 为优秀。如何用 if 函数嵌套来实现这种多等级划分呢？

操作步骤：

(1) 选择目标单元格"J3"。

(2) 单击【编辑栏】处的【插入函数】按钮 *f*，弹出【插入函数】对话框。

(3) 在打开的【插入函数】对话框中，选择函数"IF"，单击【确定】按钮，弹出【函数参数】对话框。

(4) 在打开的【函数参数】对话框中，单击"Logical_test"输入框，输入判断条件"I3>=90"；单击"Value_if_true"输入框，输入条件为真时的返回值""优秀""。此时，完成了 IF 函数条件的第一层测试，对学生成绩的"优秀"等级划分。在"Value_if_false"处需嵌套 IF 函数。

(5) 第二层 IF 语句中的测试条件为"I3>=70"，若"I3"内的值大于等于 70，则输出真值"良好"；若测试条件不成立，则"I3"内的值小于 70，在假值的位置上嵌套第三层 IF 语句。第三层 IF 语句中的测试条件为"I3>=60"，若 C3 内的值大于等于 60，则输出真值"及格"；若测试条件不成立，则输出假值"不及格"。即在"Value_if_false"输入框输入条件"IF(I3>=70, "良好", IF(I3>=60, "及格", "不及格"))"，如图 7-36 所示，单击【确定】按钮。

图 7-36 IF 函数嵌套参数

(6) 鼠标指针指向"J3"单元格的填充柄，当鼠标指针变为"**+**"时，单击鼠标并向下拖动，将"J3"单元格的函数自动复制到其他单元格中，如图 7-37 所示。

	A	B	C	D	E	F	G	H	I	J	K
1					学生成绩表						
2	学号	姓名	性别	思想品德	高等数学	大学英语	计算机应用	总分	平均分	等级	名次
3	2009040101	孙旭	男	88	76	93	78	335	84	良好	2
4	2009040102	姜云龙	男	69	82	96	85	332	83	良好	3
5	2009040103	李良平	男	65	71	80	99	315	79	良好	12
6	2009040104	陈明杰	男	69	84	35	80	268	67	及格	25
7	2009040105	高俊伟	男	74	75	78	90	317	79	良好	11
8	2009040106	李虹	女	67	79	47	99	292	73	良好	19
9	2009040107	王海迪	男	98	74	96	87	355	89	良好	1
10	2009040108	王维生	男	86	85	76	79	326	82	良好	7
11	2009040109	李星宇	男	81	94	94	60	329	82	良好	5
12	2009040110	刘文庄	男	50	56	91	51	248	62	及格	27
13	2009040111	闫迪	男	77	62	72	69	280	70	良好	23
14	2009040112	高月月	女	87	71	82	90	330	83	良好	4
15	2009040113	李新	女	81	72	92	79	324	81	良好	9
16	2009040114	李家伟	男	75	91	83	58	307	77	良好	14
17	2009040115	王萍	女	67	68	34	53	222	56	不及格	30
18	2009040116	李晓凡	女	96	68	74	67	305	76	良好	15
19	2009040117	刘洋	女	88	75	46	83	292	73	良好	19
20	2009040118	高博	男	54	62	49	81	246	62	及格	28
21	2009040119	孟敬涛	男	70	90	72	68	300	75	良好	17
22	2009040120	孙学亮	男	45	63	81	53	242	61	及格	29
23	2009040121	王雪	女	78	94	68	89	329	82	良好	5
24	2009040122	王哲	男	91	72	83	77	323	81	良好	10
25	2009040123	任娟	女	62	71	68	80	281	70	良好	21
26	2009040124	张金凤	女	87	46	71	66	270	68	及格	24
27	2009040125	高明远	男	68	93	55	83	299	75	良好	18
28	2009040126	姚晓林	男	82	77	85	81	325	81	良好	8
29	2009040127	韩东洋	男	55	43	91	71	260	65	及格	26
30	2009040128	孙心洁	女	73	72	62	74	281	70	良好	21
31	2009040129	李博	男	65	80	70	90	305	76	良好	15
32	2009040130	杨超	男	82	69	78	84	313	78	良好	13

图 7-37 效果

 知识链接——IF 函数多层嵌套

在应用过程中，要特别注意格式录入，不仅语句要正确，标点符号也要录入正确，有时候往往因为不注意标点符号的录入出错，最终导致整个 IF 语句无法执行。

项目八　Excel 综合应用——员工工资管理与分析

Excel 具有强大的数据管理功能，可以方便地组织、管理和分析大量的数据信息。本项目通过对某公司员工工资数据的管理和分析，讲述了如何使用记录单输入与浏览数据，如何使用数据排序、数据筛选、分类汇总等基本的数据管理方法，以及如何创建能够使数据产生立体分析效果的数据透视表。

 项目目标

➢ 熟练掌握 Excel 工作簿中记录单的编辑。
➢ 熟练掌握 Excel 工作簿中的数据排序、筛选、分类汇总。
➢ 熟练掌握 Excel 工作簿中数据透视表的创建和编辑。

 项目描述

张晔是某公司财务部的职员，为了提高工作效率和管理水平，她准备使用 Excel 工作表来管理公司员工的工资数据。图 8-1 所示即为张晔制作的"职员工资表"。

职员编号	姓名	部门	职务	基本工资	津贴	扣款额	实发合计
			职员工资表				
KF12	杜超	开发部	技术员	¥2,100.00	¥1,578.00	¥166.00	¥3,512.00
KF01	贾丽红	开发部	技术员	¥2,300.00	¥1,780.00	¥182.00	¥3,898.00
KF02	李贺	开发部	经理	¥3,100.00	¥1,960.00	¥205.00	¥4,855.00
KF11	雷宁	开发部	工程师	¥3,000.00	¥1,780.00	¥188.00	¥4,592.00
SC21	李文育	市场部	业务员	¥2,000.00	¥1,550.00	¥105.00	¥3,445.00
SC20	刘忆静	市场部	业务员	¥1,930.00	¥1,480.00	¥110.50	¥3,299.50
SC14	宋文莉	市场部	业务员	¥2,180.00	¥1,788.00	¥170.00	¥3,798.00
SC22	王丽雯	市场部	业务员	¥2,700.00	¥2,060.00	¥186.50	¥4,573.50
SC17	徐磊	市场部	经理	¥2,600.00	¥1,750.00	¥175.00	¥4,175.00
CW24	李春丽	财务部	会计	¥2,460.00	¥1,460.00	¥183.50	¥3,736.50
CW08	张洪斌	财务部	出纳	¥2,000.00	¥1,460.00	¥120.00	¥3,340.00
CW29	张岩	财务部	经理	¥2,750.00	¥2,150.00	¥192.00	¥4,708.00

图 8-1　职员工资表

因为工作表中的数据繁多，直接在工作表中输入会很繁琐，所以张晔考虑可以使用记录单更准确、有效地输入和浏览数据。此外，张晔还需要定期对员工工资情况进行排序、筛选，统计分析不同部门员工的工资情况等。

项目实施

任务一 记录单的创建

【任务内容】创建一个 Excel 工作簿，以"工资表管理"命名并保存在桌面上，然后在工作表"Sheet1"中输入表标题、表头和数据，如图 8-1 所示；再使用记录单输入与浏览工资数据，最后将工作表"Sheet1"更名为"工资表"。

(1) 创建工作簿并输入标题和表头。

① 新建一个 Excel 工作簿，以"工资表管理"命名并保存在桌面上。

② 输入表标题"职员工资表"，设置字体为"黑体"，字号为"20"，并在"A1:H1"单元格区域居中。

③ 在单元格区域"A2:H2"中依次输入表头"职员编号"、"姓名"、"部门"、"职务"、"基本工资"、"津贴"、"扣款额"和"实发合计"，设置字体为"楷体"，字号为"12"，水平居中，单元格填充"橙色"。

(2) 使用记录单输入和浏览数据。在 Excel 2010 中输入大量数据时，我们需要不断地在行和列之间转换，这样不仅浪费时间，而且更容易出错。使用记录单功能可以很方便地快速输入数据。

记录单就是将 Excel 中一条记录的数据信息按字段分成几项，分别存储在工作表同一行中的几个单元格中。

① 单击【快速访问工具栏】最右侧的下拉按钮，在弹出的下拉列表中单击【其他命令】，如图 8-2 所示。这时，打开【Excel 选项】对话框。

图 8-2 自定义快速访问工具栏

② 此时，在右侧【从下列位置选择命令】下拉列表框中选择"不在功能区中的命令"，下拉滚动条，找到【记录单】，然后单击【添加】按钮，如图 8-3 所示，再单击【确定】按钮。这时，快速访问工具栏上已经添加了【记录单】按钮，如图 8-4 所示。

图 8-3　【Excel 选项】对话框

图 8-4　【记录单】按钮

③ 从"A3"单元格起至"G14"先输入若干行数据，如图 8-1 所示；再选中已输入数据区域中任意一个单元格，点击【记录单】按钮，打开【Sheet1】对话框，如图 8-5 所示；对话框右上角"1/11"表示该工作表现有 11 条记录，当前显示的是第 1 条记录。

④ 单击【上一条】和【下一条】按钮，查看工作表中的记录。

⑤ 单击【新建】按钮，记录单会自动清空文本框，等待用户逐条地输入每个数据。输入如图 8-6 所示的记录内容，按【Tab】键可以在字段间切换，单击【新建】按钮或按【Enter】键，即可将记录写入工作表，并等待下一次输入。应用完毕后，单击【关闭】按钮关闭对话框。

图 8-5　记录单

图 8-6　新建记录

(3) 设置数据格式。

① 将 A 列到 G 列数据全部输入完成后，计算 H 列"实发合计"下的数据，选中"H3"单元格，在编辑栏中输入公式"=E3+F3-G3"，得到第一条记录的结果，再使用快速填充得到下面每位员工的实发合计结果。

② 选中数据区域"E3:H14"，设置"货币"格式，添加货币符号，保留"2"位小数；再为数据区域"A2:H14"添加边框，"A2:H2"填充"金色"底纹，标题设置相应格式，如图 8-1 所示。

③ 将工作表"Sheet1"重命名为"工资表"。

任务二　数据排序

【任务内容】按照"实发合计"字段进行降序排序。

(1) 将"工资表"中的数据复制到"Sheet2"工作表中，并将其重命名为"排序"。

(2) 在"排序"工作表中按照"实发合计"字段降序排序。

① 在"排序"工作表中，选中数据区域中任意一个单元格，单击【数据】选项卡的【排序】按钮，如图 8-7 所示。打开【排序】对话框，在【主要关键字】下拉列表中选择"实发合计"，并将排序方式设置为"降序"，如图 8-8 所示。单击【确定】按钮，结果如图 8-9 所示。

图 8-7　单击【排序】按钮

图 8-8　【排序】对话框

	职员工资表						
	A	B	C	D	E	F	G	H
2	职员编号	姓名	部门	职务	基本工资	津贴	扣款额	实发合计
3	KF02	李贺	开发部	经理	¥3,100.00	¥1,960.00	¥205.00	¥4,855.00
4	CW29	张岩	财务部	经理	¥2,750.00	¥2,150.00	¥192.00	¥4,708.00
5	KF11	雷宁	开发部	工程师	¥3,000.00	¥1,780.00	¥188.00	¥4,592.00
6	SC22	王丽雯	市场部	业务员	¥2,700.00	¥2,060.00	¥186.50	¥4,573.50
7	SC17	徐磊	市场部	经理	¥2,600.00	¥1,750.00	¥175.00	¥4,175.00
8	KF01	贾丽红	开发部	技术员	¥2,300.00	¥1,780.00	¥182.00	¥3,898.00
9	SC14	宋文莉	市场部	业务员	¥2,180.00	¥1,788.00	¥170.00	¥3,798.00
10	CW24	李春丽	财务部	会计	¥2,460.00	¥1,460.00	¥183.50	¥3,736.50
11	KF12	杜超	开发部	技术员	¥2,100.00	¥1,578.00	¥166.00	¥3,512.00
12	SC21	李文育	市场部	业务员	¥2,000.00	¥1,550.00	¥105.00	¥3,445.00
13	CW08	张洪斌	财务部	出纳	¥2,000.00	¥1,460.00	¥120.00	¥3,340.00
14	SC20	刘忆静	市场部	业务员	¥1,930.00	¥1,480.00	¥110.50	¥3,299.50

图 8-9　排序结果

② 也可在需要进行排序的"实发合计"列中选择任意单元格，然后单击【数据】选项卡的【降序】按钮 ，即可看到排序结果。

③ 也可右击需要进行排序的"实发合计"列中任意单元格，在弹出的菜单中选择【排序】命令，然后在其子菜单中选择【降序】命令。

任务三　数据筛选

【任务内容】使用自动筛选显示"开发部"中职务是"技术员"的职员工资记录；使用自定义筛选显示"实发合计"金额在"¥3000.00～¥4000.00"的职员工资记录；使用高级筛选显示"开发部基本工资<¥3000.00 或财务部基本工资>¥3000.00"的职员工资记录。

数据筛选功能可以在工作表中选择性地显示满足指定条件的记录。常用的筛选功能包括自动筛选、自定义筛选和高级筛选等三种方式。

(1) 使用自动筛选显示"开发部"中职务是"技术员"的职员工资记录。

① 将"工资表"中的数据复制到"Sheet3"工作表中，将"Sheet3"工作表重命名为"自动筛选"。

② 在"自动筛选"工作表中，选中数据区域中任意一个单元格，单击【数据】选项卡的【筛选】按钮，此时 Excel 会自动在每个列标题右侧出现黑色三角形 按钮，如图 8-10 所示。

图 8-10　单击【筛选】按钮

③ 单击"部门"右侧的 ▼ 按钮，在列表中取消选择"全选"复选项，再选择"开发部"，单击【确定】按钮，如图 8-11 所示。

④ 单击"职务"右侧的 ▼ 按钮，在列表中取消选择"全选"复选框，再选择"技术员"，单击【确定】按钮，如图 8-12 所示。

图 8-11　筛选"开发部"　　　　　　图 8-12　筛选"技术员"

⑤ 工作表的筛选结果如图 8-13 所示。可见，执行过筛选操作的列标题"部门"和"职务"右侧由黑色三角形变成 ▼ 按钮。如果要还原工作表，可单击 ▼ 按钮，在弹出的列表框中选择【全选】复选框即可；也可以单击【数据】选项卡的【筛选】按钮，显示工作表中的所有记录。

图 8-13　自动筛选结果

(2) 使用自定义筛选显示"实发合计"金额在"¥3000.00～¥4000.00"的职员工资记录。

① 将"工资表"中的数据复制到"Sheet4"工作表中，将"Sheet4"工作表重命名为"自定义筛选"。

② 在"自定义筛选"工作表中，选中数据区域中任意一个单元格，单击【数据】选项卡的【筛选】按钮，此时 Excel 会自动在每个列标题右侧出现黑色三角形按钮 ▼。

③ 单击"实发合计"右侧的 ▼ 按钮，指向"数字筛选"，在其下拉列表中选择【自定

义筛选】命令，如图 8-14 所示，打开【自定义自动筛选方式】对话框。

图 8-14 【自定义筛选】命令

图 8-15 【自定义自动筛选方式】对话框

④ 设置筛选条件，如图 8-15 所示，"实发合计"下面的左侧下拉列表框中选择"大于或等于"，右侧下拉列表中输入"3000"，默认选中"与"单选项，并在其下面的左侧下拉列表框中选择"小于或等于"，右侧下拉列表中输入"4000"，单击【确定】按钮。满足条件的筛选结果如图 8-16 所示。

	A	B	C	D	E	F	G	H
1	职员工资表							
2	职员编▼	姓名▼	部门▼	职务▼	基本工▼	津贴▼	扣款额▼	实发合计▼
3	KF12	杜超	开发部	技术员	¥2,100.00	¥1,578.00	¥166.00	¥3,512.00
4	KF01	贾丽红	开发部	技术员	¥2,300.00	¥1,780.00	¥182.00	¥3,898.00
7	SC21	李文育	市场部	业务员	¥2,000.00	¥1,550.00	¥105.00	¥3,445.00
8	SC20	刘忆静	市场部	业务员	¥1,930.00	¥1,480.00	¥110.50	¥3,299.50
9	SC14	宋文莉	市场部	业务员	¥2,180.00	¥1,788.00	¥170.00	¥3,798.00
12	CW24	李春丽	财务部	会计	¥2,460.00	¥1,460.00	¥183.50	¥3,736.50
13	CW08	张洪斌	财务部	出纳	¥2,000.00	¥1,460.00	¥120.00	¥3,340.00

图 8-16 自定义筛选结果

(3) 使用高级筛选显示"开发部基本工资<¥3000.00 或财务部基本工资>¥3000.00"的职员工资记录。

在 Excel 中，用户可以自己在工作表中输入新的筛选条件，并将其与表格的基本数据分隔开，即输入的筛选条件与基本数据间至少要保持一个空行或一个空列的距离。建立多行条件区域时，行与行之间的条件之间是"或"的关系，而同一行内的多个条件之间是"与"的关系。其中"与"关系用于筛选同时满足多个条件的数据结果，而"或"关系用于筛选只满足其中一个条件的数据结果。

① 将"工资表"中的数据复制到"Sheet5"工作表中，将"Sheet5"工作表重命名为"高级筛选"。

② 进入"高级筛选"工作表，在空白区域输入筛选条件，其中第一行为筛选项的字段名，第二行开始为对应的筛选条件，如图 8-17 所示。

	A	B	C	D	E	F	G	H
1				职员工资表				
2	职员编号	姓名	部门	职务	基本工资	津贴	扣款额	实发合计
3	KF12	杜超	开发部	技术员	¥2,100.00	¥1,578.00	¥166.00	¥3,512.00
4	KF01	贾丽红	开发部	技术员	¥2,300.00	¥1,780.00	¥182.00	¥3,898.00
5	KF02	李贺	开发部	经理	¥3,100.00	¥1,960.00	¥205.00	¥4,855.00
6	KF11	雷宁	开发部	工程师	¥3,000.00	¥1,780.00	¥188.00	¥4,592.00
7	SC21	李文育	市场部	业务员	¥2,000.00	¥1,550.00	¥105.00	¥3,445.00
8	SC20	刘忆静	市场部	业务员	¥1,930.00	¥1,480.00	¥110.50	¥3,299.50
9	SC14	宋文莉	市场部	业务员	¥2,180.00	¥1,788.00	¥170.00	¥3,798.00
10	SC22	王丽雯	市场部	业务员	¥2,700.00	¥2,060.00	¥186.50	¥4,573.50
11	SC17	徐磊	市场部	经理	¥2,600.00	¥1,750.00	¥175.00	¥4,175.00
12	CW24	李春丽	财务部	会计	¥2,460.00	¥1,460.00	¥183.50	¥3,736.50
13	CW08	张洪斌	财务部	出纳	¥2,000.00	¥1,460.00	¥120.00	¥3,340.00
14	CW29	张岩	财务部	经理	¥2,750.00	¥2,150.00	¥192.00	¥4,708.00
15								
16				部门	基本工资			
17				开发部	<3000			
18				财务部	>3000			
19								

图 8-17　输入筛选条件

③ 选中数据区"A2:H14"任意一个单元格，单击【数据】选项卡的【高级】按钮，如图 8-18 所示，打开【高级筛选】对话框。

图 8-18　单击【高级】按钮

④ 在【高级筛选】对话框中，如图 8-19 所示，选择【方式】选项中的"在原有区域显示筛选结果"，在【列表区域】文本框中选择整个数据单元格区域"A2:H14"，在【条件区域】文本框中选择输入筛选条件的单元格区域"D16:E18"，单击【确定】按钮。满足条件的筛选结果如图 8-20 所示。

图 8-19　【高级筛选】对话框　　　　　　　图 8-20　高级筛选结果

任务四　　数据分类汇总

【任务内容】以"部门"字段为分类字段，汇总出各部门职工工资实发合计的总数，再使用数据条查看全部职工扣款额。

Excel 的分类汇总功能可以帮助用户更好地掌握数据所显示的信息，在对数据进行分类的同时，还可以对数据进行求和等统计。

(1) 以"部门"字段为分类字段，汇总出各部门职工工资实发合计的总数。

① 将"工资表"中的数据复制到"Sheet6"工作表中，将"Sheet6"工作表重命名为"分类汇总"。

② 在"分类汇总"工作表中，按"部门"升序排序，选中数据区域中的任意一个单元格，单击【数据】选项卡的【排序】按钮，打开【排序】对话框，在【主要关键字】下拉列表中选择"部门"，并将排序方式设置为"升序"，单击【确定】按钮。

③ 再选中数据区任意一个单元格，单击【数据】选项卡的【分类汇总】按钮，如图8-21 所示。打开【分类汇总】对话框，在【分类字段】下拉列表中选择"部门"，在【汇总方式】下拉列表中选择"求和"，在【选定汇总项】下拉列表中选择"实发合计"复选项，如图 8-22 所示。单击【确定】按钮，分类汇总后的数据如图 8-23 所示。

图 8-21　【分类汇总】按钮

图 8-22　【分类汇总】对话框

职员工资表							
职员编号	姓名	部门	职务	基本工资	津贴	扣款额	实发合计
CW24	李春丽	财务部	会计	¥2,460.00	¥1,460.00	¥183.50	¥3,736.50
CW08	张洪斌	财务部	出纳	¥2,000.00	¥1,460.00	¥120.00	¥3,340.00
CW29	张岩	财务部	经理	¥2,750.00	¥2,150.00	¥192.00	¥4,708.00
		财务部 汇总					¥11,784.50
KF12	杜超	开发部	技术员	¥2,100.00	¥1,578.00	¥166.00	¥3,512.00
KF01	贾丽红	开发部	技术员	¥2,300.00	¥1,780.00	¥182.00	¥3,898.00
KF02	李贺	开发部	经理	¥3,100.00	¥1,960.00	¥205.00	¥4,855.00
KF11	雷宁	开发部	工程师	¥3,000.00	¥1,780.00	¥188.00	¥4,592.00
		开发部 汇总					¥16,857.00
SC21	李文育	市场部	业务员	¥2,000.00	¥1,550.00	¥105.00	¥3,445.00
SC20	刘忆静	市场部	业务员	¥1,930.00	¥1,480.00	¥110.50	¥3,299.50
SC14	宋文莉	市场部	业务员	¥2,180.00	¥1,788.00	¥170.00	¥3,798.00
SC22	王丽雯	市场部	业务员	¥2,700.00	¥2,060.00	¥186.50	¥4,573.50
SC17	徐磊	市场部	经理	¥2,600.00	¥1,750.00	¥175.00	¥4,175.00
		市场部 汇总					¥19,291.00
		总计					¥47,932.50

图 8-23　分类汇总结果

(2) 隐藏、显示或清除分类汇总。

① 单击汇总后表格左侧的 ➖ 按钮可隐藏相应级别的数据，且 ➖ 按钮变为 ➕ 按钮，再单击 ➕ 按钮可显示相应级别的数据。

② 如果需要清除分类汇总后的表格，又不影响原有的数据，可单击【数据】选项卡的【分类汇总】按钮，打开【分类汇总】对话框，并单击【全部删除】按钮即可。

(3) 使用数据条查看全部职工扣款额。

① 在"分类汇总"工作表中，选择"扣款额"列数据区域"G3:G16"。

② 单击【开始】选项卡中的【条件格式】按钮，指向【数据条】命令，单击红色实心填充方式，如图 8-24 所示。

图 8-24　数据条条件格式

任务五　创建数据透视表

【任务内容】以"工资表"工作表中的数据为数据源，以"部门"为报表筛选项，以

"姓名"为行标签,以"职务"为列标签,以"实发合计"为求和项,在"Sheet7"工作表中创建数据透视表。在数据透视表中,只显示"开发部"相关的数据。

　　数据透视表是交互式报表,可以快速合并和比较大量数据。通过数据透视表能够方便地查看原数据的不同汇总,而且还可以显示感兴趣区域的明细数据。

　　(1) 在"Sheet7"工作表中创建数据透视表。

　　① 在"工资表"中,选中数据区域任意一个单元格,单击【插入】选项卡的【数据透视表】下拉按钮,单击【数据透视表】命令,如图 8-25 所示。

图 8-25　【数据透视表】命令

　　② 打开【创建数据透视表】对话框,单击"表/区域"文本框右侧的 按钮,选择"A2:H14"单元格区域;再选择放置数据透视表的位置,选中"现有工作表", 单击"位置"文本框右侧的 按钮,选择"Sheet7"工作表中的"A1"单元格,然后单击 按钮返回,单击【确定】按钮,如图 8-26 所示。

　　③ 创建数据透视表之后,可以在【数据透视表字段列表】任务窗格中编辑字段。默认情况下,该窗格中显示两部分:上部分用于添加和删除字段,下部分用于重新排列和定位字段。用鼠标将上部分的"部门"字段拖动至下部分的"报表筛选"区域,将"姓名"字段拖动至"行标签"区域,将"职务"字段拖动至"列标签"区域,将"实发合计"字段拖动至"数值"区域,如图 8-27 所示。

图 8-26　【创建数据透视表】对话框

图 8-27　编辑字段

　　④ 为数据透视表套用样式,单击【设计】选项卡,选择需要套用的样式,如果默认列表中的样式不符合要求,可以单击按钮选择更多的样式,如图 8-28 所示。

图 8-28　数据透视表样式

(2) 在数据透视表中只显示"开发部"相关的数据。

① 单击数据透视表中"部门"后"(全部)"单元格右侧的 ▾ 按钮，在弹出的列表框中取消选择"全部"，选中"开发部"，单击【确定】按钮。

② 数据透视表显示"开发部"所对应的数据，并求出总和，如图 8-29 所示。

	A	B	C	D	E
1	部门	开发部 ▾			
2					
3	求和项:实发合计	列标签 ▾			
4	行标签 ▾	工程师	技术员	经理	总计
5	杜超		3512		3512
6	贾丽红		3898		3898
7	雷宁	4592			4592
8	李贺			4855	4855
9	总计	4592	7410	4855	16857

图 8-29　数据透视表结果

 项目总结

通过员工工资管理与分析案例，我们学习了在 Excel 中管理大量数据的应用方法。记录单功能如下：

记录单：对大量数据进行添加记录、浏览记录、删除记录和查找记录等操作。

排序：将数据按照用户希望的顺序进行调整。

筛选：将满足用户指定条件的数据显示出来。

分类汇总：将数据按照用户指定的类别对相关信息进行汇总和统计。

数据透视表：使数据产生立体交互式的分析、统计结果。

 项目实战

实战 1　公司销售统计与分析

操作步骤：

(1) 新建一个工作簿，命名为"销售管理"，在"Sheet1"工作表中编辑"5 月手机销售统计表"，并将"Sheet1"工作表重命名为"销售统计"，如图 8-30 所示。

品牌	型号	单价	销售数量	销售额
5月手机销售统计表				
HTC	G12	¥1,850.00	16	¥29,600.00
三星	I9008L	¥2,310.00	15	¥34,650.00
MOTO	XT912	¥3,100.00	12	¥37,200.00
三星	S5830i	¥1,700.00	23	¥39,100.00
三星	I9100	¥3,150.00	18	¥56,700.00
MOTO	ME525+	¥1,750.00	33	¥57,750.00
MOTO	XT681	¥1,500.00	42	¥63,000.00
MOTO	XT928	¥4,300.00	19	¥81,700.00
HTC	G21	¥2,780.00	30	¥83,400.00
三星	I9228	¥4,099.00	25	¥102,475.00
HTC	G22	¥2,800.00	38	¥106,400.00
HTC	G23	¥4,800.00	45	¥216,000.00

图 8-30　"销售统计"工作表

① 输入表标题"5月手机销售统计表",设置为"楷体"、"24磅"、"加粗"、"深蓝色"、并在"A1:E1"单元格区域居中。

② 输入表头"品牌"、"型号"、"单价"、"销售数量"和"销售额",设置为"楷体"、"18磅"、"加粗"、"居中"、底纹"橙色"。

③ 输入"品牌"、"型号"、"单价"和"销售数量"四列数据。

④ 计算"销售额"列数据:销售额 = 单价 × 销售数量。

⑤ "单价"和"销售额"两列数据为货币格式,右对齐,其余各列数据水平居中。

⑥ 设置区域"A3:E14"单元格底纹为"浅绿色",并为"A2:E14"单元格区域添加外粗内细的边框。

(2) 将"销售统计"工作表中的数据复制到"Sheet2"工作表中,将"Sheet2"工作表重命名为"排序",在"排序"工作表中,按"单价"由高到低调整数据顺序。

① 将"销售统计"工作表中的数据复制到"Sheet2"工作表中,将"Sheet2"工作表重命名为"排序"。

② 在"排序"工作表中,选中数据区域中任意一个单元格,单击【数据】选项卡的【排序】按钮,打开【排序】对话框,在【主要关键字】下拉列表中选择"单价",并将排序方式设置为"降序",单击【确定】按钮,结果如图 8-31 所示。

品牌	型号	单价	销售数量	销售额
5月手机销售统计表				
HTC	G23	¥4,800.00	45	¥216,000.00
MOTO	XT928	¥4,300.00	19	¥81,700.00
三星	I9228	¥4,099.00	25	¥102,475.00
三星	I9100	¥3,150.00	18	¥56,700.00
MOTO	XT912	¥3,100.00	12	¥37,200.00
HTC	G22	¥2,800.00	38	¥106,400.00
HTC	G21	¥2,780.00	30	¥83,400.00
三星	I9008L	¥2,310.00	15	¥34,650.00
HTC	G12	¥1,850.00	16	¥29,600.00
MOTO	ME525+	¥1,750.00	33	¥57,750.00
三星	S5830i	¥1,700.00	23	¥39,100.00
MOTO	XT681	¥1,500.00	42	¥63,000.00

图 8-31　"排序"结果

（3）将"销售统计"工作表中的数据复制到"Sheet3"工作表中，将"Sheet3"工作表重命名为"自动筛选"；在"自动筛选"工作表中，筛选出销售数量最多的前 5 条数据记录。

① 将"销售统计"工作表中的数据复制到"Sheet3"工作表中，将"Sheet3"工作表重命名为"自动筛选"。

② 在"自动筛选"工作表中，选中数据区域中任意一个单元格，单击【数据】选项卡的【筛选】按钮，此时 Excel 会自动在每个列标题右侧出现黑色三角形按钮 ▼ 。

③ 单击"销售数量"右侧的 ▼ 按钮，指向"数字筛选"，单击【10 个最大的值】命令，如图 8-32 所示。打开【自动筛选前 10 个】对话框，设置筛选条件，在【显示】选项最左侧的下拉列表中选择"最大"，中间的下拉列表中选择"5"，如图 8-33 所示，单击【确定】按钮。满足条件的筛选结果如图 8-34 所示。

图 8-32　【10 个最大的值】命令　　　　图 8-33　【自动筛选前 10 个】对话框

5月手机销售统计表				
品牌	型号	单价	销售数量	销售额
HTC	G23	¥4,800.00	45	¥216,000.00
HTC	G22	¥2,800.00	38	¥106,400.00
HTC	G21	¥2,780.00	30	¥83,400.00
MOTO	ME525+	¥1,750.00	33	¥57,750.00
MOTO	XT681	¥1,500.00	42	¥63,000.00

图 8-34　"自动筛选"结果

（4）将"销售统计"工作表中的数据复制到"Sheet4"工作表中，将"Sheet4"工作表重命名为"自定义筛选"；在"自定义筛选"工作表中，筛选出销售额高于 10 万元的数据记录。

① 将"销售统计"工作表中的数据复制到"Sheet4"工作表中，将"Sheet4"工作表重命名为"自定义筛选"。

② 在"自定义筛选"工作表中，选中数据区域中任意一个单元格，单击【数据】选项卡的【筛选】按钮，再单击"销售额"右侧的 ▼ 按钮，指向"数字筛选"；单击【自

定义筛选】命令，打开【自定义自动筛选方式】对话框，设置筛选条件，"销售额"下面的左侧下拉列表框中选择"大于"，右侧下拉列表中输入"100000"，单击【确定】按钮。满足条件的筛选结果如图 8-35 所示。

	A 品牌	B 型号	C 单价	D 销售数量	E 销售额
1			5月手机销售统计表		
12	三星	I9228	¥4,099.00	25	¥102,475.00
13	HTC	G22	¥2,800.00	38	¥106,400.00
14	HTC	G23	¥4,800.00	45	¥216,000.00

图 8-35 "自定义筛选"结果

(5) 将"销售统计"工作表中的数据复制到"Sheet5"工作表中，将"Sheet5"工作表重命名为"分类汇总"；在"分类汇总"工作表中，以"品牌"为分类字段，统计各品牌手机销售数量的最大值。

① 将"销售统计"工作表中的数据复制到"Sheet5"工作表中，将"Sheet5"工作表重命名为"分类汇总"。

② 在"分类汇总"表中，先按"品牌"升序排序，再选中数据区任意一个单元格，单击【数据】选项卡的【分类汇总】按钮，打开【分类汇总】对话框。在【分类字段】下拉列表中选择"品牌"，在【汇总方式】下拉列表中选择"最大值"，在【选定汇总项】下拉列表中选择"销售数量"复选项，单击【确定】按钮。这时，在分类汇总表格的左上角有显示级别的按钮，单击 ② 按钮，显示结果如图 8-36 所示。

	A 品牌	B 型号	C 单价	D 销售数量	E 销售额
1			5月手机销售统计表		
2	品牌	型号	单价	销售数量	销售额
7	HTC 最大值			45	
12	MOTO 最大值			42	
17	三星 最大值			25	
18	总计最大值			45	

图 8-36 "分类汇总"结果

(6) 在新工作表中创建数据透视表，以"销售统计"工作表为数据源，以"品牌"为行标签，以"型号"为列标签，对"销售额"求和。在数据透视表中只显示"MOTO"品牌的相关数据。

① 在"销售统计"工作表中，选中数据区域任意一个单元格，单击【插入】选项卡的【数据透视表】下拉按钮，单击【数据透视表】命令。

② 打开【创建数据透视表】对话框，单击"表/区域"文本框右侧的 按钮，选择"A2:E14"单元格区域；再选择放置数据透视表的位置，选中"新建工作表"，单击【确定】按钮。

③ 创建数据透视表之后，可以在【数据透视表字段列表】任务窗格中编辑字段。用鼠标将"品牌"字段拖动至"行标签"区域，将"型号"字段拖动至"列标签"区域，将"求和项：销售额"字段拖动至"数值"区域，如图 8-37 所示。

④ 为数据透视表套用样式，单击【设计】选项卡，选择需要套用的样式。

⑤ 单击数据透视表中"行标签"单元格右侧的下拉按钮，在弹出的列表框中先取消选择"全选"，再选中"MOTO"，单击【确定】按钮。数据透视表显示结果如图 8-38 所示。

图 8-37　【数据透视表字段列表】任务窗格

图 8-38　"数据透视表"结果

实战2　学生成绩统计与分析

(1) 新建一个工作簿，命名为"成绩管理"，在"Sheet1"工作表中编辑"2013-2014学年第二学期成绩统计表"，并将"Sheet1"工作表重命名为"成绩表"，如图 8-39 所示。

2013-2014学年第二学期成绩统计表				
姓名	学号	班级	科目	成绩
毕晓慧	101	英语1班	思想品德	81
陈飞达	102	英语1班	计算机基础	86
陈磊	113	英语1班	思想品德	91
崔沙沙	128	英语1班	应用文写作	82
方雪娇	202	英语2班	计算机基础	90
高巍	204	英语2班	思想品德	74
韩旭	215	英语2班	应用文写作	94
姜成云	218	英语2班	计算机基础	96
康晓明	308	日语3班	应用文写作	73
梁慧	309	日语3班	思想品德	82
孟范新	316	日语3班	应用文写作	78
刘洋	319	日语3班	计算机基础	80

图 8-39　"成绩表"结果

① 输入表标题"2013-2014 学年第二学期成绩统计表"，设置为"黑体"、"18 磅"，并在"A1:E1"单元格区域居中。

② 输入表头"姓名"、"学号"、"班级"、"科目"和"成绩"，设置为"楷体"、"16 磅"、"居中"、底纹"浅蓝色"。

③ 输入"A3:E14"单元格区域数据，全部设置水平居中。

④ 为"A2:E14"单元格区域添加边框。

(2) 使用记录单功能删除"崔沙沙"同学的记录,再添加一条新记录"姓名:王伟、学号:109、班级:英语1班、科目:应用文写作、成绩:83"。

① 单击【快速访问工具栏】最右侧的下拉按钮,在弹出的下拉列表中单击【其他命令】,打开【Excel 选项】对话框。在右侧【从下列位置选择命令】下拉列表框中选择"不在功能区的命令",下拉滚动条,找到【记录单】,然后单击【添加】按钮,再单击【确定】按钮。这时,快速访问工具栏上已经添加了【记录单】按钮。

② 选中已输入数据区域中任意一个单元格,点击【记录单】按钮,打开【成绩表】对话框。单击【下一条】按钮,找到"崔沙沙"同学的记录,单击【删除】按钮。

③ 再单击【新建】按钮,输入新记录内容,输入完成后,单击【关闭】按钮即可。数据修改后的"成绩表"工作表如图 8-40 所示。

	A	B	C	D	E
1	2013-2014学年第二学期成绩统计表				
2	姓名	学号	班级	科目	成绩
3	毕晓慧	101	英语1班	思想品德	81
4	陈飞达	102	英语1班	计算机基础	86
5	陈磊	113	英语1班	思想品德	91
6	方雪娇	202	英语2班	计算机基础	90
7	高巍	204	英语2班	思想品德	74
8	韩旭	215	英语2班	应用文写作	94
9	姜成云	218	英语2班	计算机基础	96
10	康晓明	308	日语3班	应用文写作	73
11	梁慧	309	日语3班	思想品德	82
12	孟范新	316	日语3班	应用文写作	78
13	刘洋	319	日语3班	计算机基础	80
14	王伟	109	英语1班	应用文写作	83

图 8-40 "记录单"输入后结果

(3) 将"成绩表"工作表中的数据复制到"Sheet2"工作表中,将"Sheet2"工作表重命名为"排序";在"排序"工作表中,按"成绩"由高到低的顺序进行调整,结果如图 8-41 所示。

	A	B	C	D	E
1	2013-2014学年第二学期成绩统计表				
2	姓名	学号	班级	科目	成绩
3	姜成云	218	英语2班	计算机基础	96
4	韩旭	215	英语2班	应用文写作	94
5	陈磊	113	英语1班	思想品德	91
6	方雪娇	202	英语2班	计算机基础	90
7	陈飞达	102	英语1班	计算机基础	86
8	王伟	109	英语1班	应用文写作	83
9	梁慧	309	日语3班	思想品德	82
10	毕晓慧	101	英语1班	思想品德	81
11	刘洋	319	日语3班	计算机基础	80
12	孟范新	316	日语3班	应用文写作	78
13	高巍	204	英语2班	思想品德	74
14	康晓明	308	日语3班	应用文写作	73

图 8-41 "排序"结果

(4) 将"成绩表"工作表中的数据复制到"Sheet3"工作表中,将"Sheet3"工作表重命名为"自定义筛选";在"自定义筛选"工作表中,筛选出"计算机基础"成绩"大于

90（含 90）"的数据记录，结果如图 8-42 所示。

	A	B	C	D	E
1	2013-2014学年第二学期成绩统计表				
2	姓名 ▾	学号 ▾	班级 ▾	科目 ▾	成绩 ▾
6	方雪娇	202	英语2班	计算机基础	90
9	姜成云	218	英语2班	计算机基础	96

图 8-42　"自定义筛选"结果

（5）将"成绩表"工作表中的数据复制到"Sheet4"工作表中，将"Sheet4"工作表重命名为"高级筛选"；在"高级筛选"工作表中，高级筛选出"思想品德成绩高于 85 或应用文写作成绩高于 85"的数据记录。

① 将"成绩表"工作表中的数据复制到"Sheet4"工作表中，将"Sheet4"工作表重命名为"高级筛选"。

② 在"高级筛选"表的空白区域中输入筛选条件，其中第一行为筛选项的字段名，第二行和第三行为对应的筛选条件，如图 8-43 所示。

③ 再选中数据区"A2:E14"任意一个单元格，单击【数据】选项卡的【高级】按钮，打开【高级筛选】对话框。在【高级筛选】对话框中，选择【方式】选项中的"在原有区域显示筛选结果"，在【列表区域】文本框中选择整个数据单元格区域"A2:E14"，在【条件区域】文本框中选择输入筛选条件的单元格区域"C16:D18"，单击【确定】按钮。满足条件的筛选结果如图 8-44 所示。

	A	B	C	D	E
1	2013-2014学年第二学期成绩统计表				
2	姓名	学号	班级	科目	成绩
3	毕晓慧	101	英语1班	思想品德	81
4	陈飞达	102	英语1班	计算机基础	86
5	陈磊	113	英语1班	思想品德	91
6	方雪娇	202	英语2班	计算机基础	90
7	高巍	204	英语2班	思想品德	74
8	韩旭	215	英语2班	应用文写作	94
9	姜成云	218	英语3班	计算机基础	96
10	康晓明	308	日语3班	应用文写作	73
11	梁慧	309	日语3班	思想品德	82
12	孟范新	316	日语3班	应用文写作	78
13	刘洋	319	日语3班	计算机基础	80
14	王伟	109	英语1班	应用文写作	83
15					
16			科目	成绩	
17			思想品德	>85	
18			应用文写作	>85	
19					

图 8-43　"高级筛选"条件

	A	B	C	D	E
1	2013-2014学年第二学期成绩统计表				
2	姓名	学号	班级	科目	成绩
5	陈磊	113	英语1班	思想品德	91
9	韩旭	215	英语2班	应用文写作	94
15					
16			科目	成绩	
17			思想品德	>85	
18			应用文写作	>85	
19					

图 8-44　"高级筛选"结果

（6）将"成绩表"工作表中的数据复制到"Sheet5"工作表中，将"Sheet5"工作表重命名为"分类汇总"；在"分类汇总"工作表中，以"科目"为分类字段，统计各个科目的平均成绩，结果如图 8-45 所示。

1 2 3		A	B	C	D	E
	1	2013-2014学年第二学期成绩统计表				
	2	姓名	学号	班级	科目	成绩
+	7				计算机基础 平均值	88
+	12				思想品德 平均值	82
+	17				应用文写作 平均值	82
−	18				总计平均值	84

图 8-45　"分类汇总"结果

(7) 在新工作表中创建数据透视表，以"成绩表"工作表为数据源，以"班级"为报表筛选项，以"科目"为行标签，以"姓名"为列标签，对"成绩"求平均值。在数据透视表中显示"英语 2 班"的相关数据，结果如图 8-46 所示。

	A	B	C	D	E	F
1	班级	英语2班 ▾				
2						
3	平均值项:成绩	列标签 ▾				
4	行标签 ▾	方雪娇	高巍	韩旭	姜成云	总计
5	计算机基础	90			96	93
6	思想品德		74			74
7	应用文写作			94		94
8	总计	90	74	94	96	88.5

图 8-46　"数据透视表"结果

提示：要将默认的"成绩"求和项修改为平均值项，首先单击"求和项：成绩"单元格，再单击【文件】选项卡的【字段设置】按钮，如图 8-47 所示；或直接单击"数值"区的【求和项：成绩】按钮，在弹出的菜单中选择【值字段设置】即可。在【值字段汇总方式】列表框中选择【平均值】，单击【确定】按钮。

图 8-47　单击【字段设置】按钮

实战 3　员工年度考核成绩统计表

(1) 新建一个工作簿，命名为"员工考核表"，在"Sheet1"工作表中编辑"员工年度考核成绩统计表"，再将"Sheet1"工作表重命名为"考核表"，如图 8-48 所示。

	A	B	C	D	E	F	G	H
1	员工年度考核成绩统计表							
2	员工姓名	所属部门	小组	出勤考核	工作态度	工作能力	业务考核	考核成绩
3	王小华	市场部	A组	95	89	90	98	372
4	阎锐	财务部	A组	90	95	83	95	363
5	孙武斌	供应部	A组	93	83	76	93	345
6	孙明	行政部	B组	96	96	94	94	380
7	陈波	市场部	B组	92	94	82	83	351
8	孔详	供应部	B组	97	82	83	91	353
9	陆朋朋	财务部	C组	83	86	94	72	335
10	白雪	市场部	C组	82	82	80	86	330

图 8-48　"考核表"结果

① 使用函数计算"考核成绩"列数据：考核成绩 = 出勤考核 + 工作态度 + 工作能

力 + 业务考核。

② 标题格式："黑体"、"18 磅"、"加粗"、"跨列居中"。

③ 表头行填充"黄色"。

④ 从第 2 行到第 10 行行高设为"18"。

⑤ 条件格式：为"业务考核"分数在 95(含 95)以上的单元格设置"蓝底白字"。

⑥ 为表格添加如图 8-48 所示的边框。

(2) 将"考核表"工作表中的数据复制到"Sheet2"工作表中，将"Sheet2"工作表重命名为"排序"；在"排序"工作表中，按"考核成绩"进行降序排序，如图 8-49 所示。

员工姓名	所属部门	小组	出勤考核	工作态度	工作能力	业务考核	考核成绩
孙明	行政部	B组	96	96	94	94	380
王小华	市场部	A组	95	89	90	98	372
阎锐	财务部	A组	90	95	83	95	363
孔详	供应部	B组	97	82	83	91	353
陈波	市场部	B组	92	94	82	83	351
孙武斌	供应部	A组	93	83	76	93	345
陆朋朋	财务部	C组	83	86	94	72	335
白雪	市场部	C组	82	82	80	86	330

图 8-49　"排序"结果

(3) 将"考核表"工作表中的数据复制到"Sheet3"工作表中，将"Sheet3"工作表重命名为"自定义筛选"；在"自定义筛选"工作表中，只查看"A 组"成员中"考核成绩" >350 的记录，如图 8-50 所示。

员工姓名	所属部门	小组	出勤考核	工作态度	工作能力	业务考核	考核成绩
王小华	市场部	A组	95	89	90	98	372
阎锐	财务部	A组	90	95	83	95	363

图 8-50　"自定义筛选"结果

(4) 将"考核表"工作表中的数据复制到"Sheet4"工作表中，将"Sheet4"工作表重命名为"分类汇总"；在"分类汇总"工作表中，统计出每个小组中业务考核分数的最高值，如图 8-51 所示。

员工姓名	所属部门	小组	出勤考核	工作态度	工作能力	业务考核	考核成绩
		A组　最大值				98	
		B组　最大值				94	
		C组　最大值				86	
		总计最大值				98	

图 8-51　"分类汇总"结果

(5) 在新工作表中创建数据透视表，以"考核表"工作表为数据源，以"所属部门"为报表筛选项，以"员工姓名"为行标签，以"小组"为列标签，对"考核成绩"求最大值。在数据透视表中显示"供应部"的相关数据，结果如图 8-52 所示。

△	A	B	C	D
1	所属部门	供应部　▼		
2				
3	最大值项:考核成绩	列标签　▼		
4	行标签　　　　▼	A组	B组	总计
5	孔详		353	353
6	孙武斌	345		345
7	总计	345	353	353

图 8-52　"数据透视表"结果

(6) 使用"考核表"中 B 组员工姓名及其四项考核成绩创建如图 8-53 所示的三维簇状柱形图。

图 8-53　"图表"结果

实战 4　教师基本情况统计表

操作步骤:

(1) 新建一个工作簿,命名为"教师基本情况表",在"Sheet1"工作表中编辑"教师基本情况统计表",再将"Sheet1"工作表重命名为"基本情况表",如图 8-54 所示。

	A	B	C	D	E	F	G	H	I
1	教师基本情况统计表								
2	姓名	性别	任教学科	职称	学历	入职日期	获奖级别	获奖金额	备注
3	王小华	女	语文	中一	专科	2003/6/5	市级	800	
4	阎锐	男	语文	小一	硕士	2013/3/7	省级	1200	
5	孙武斌	男	数学	小一	本科	2008/6/8			
6	孙明	男	语文	小一	本科	2013/12/15			
7	陈波	男	数学	小高	本科	2008/10/20	县级	600	
8	孔详	女	语文	小高	专科	2004/6/23	县级	600	
9	陆朋朋	女	数学	小一	专科	2007/12/10	县级	400	
10	白雪	女	数学	小一	本科	2011/3/15	县级	600	
11	陈武	男	语文	小一	本科	2010/8/21	县级	600	
12	辛晓利	女	语文	小一	专科	2009/5/26	市级	800	

图 8-54　编辑"基本情况表"

① 工作表标题设置为"黑体"、"20 磅"、"蓝色",并在"A1:I1"单元格区域跨列居中。

② 表头行设置为"楷体"、"14磅"、"红色",列宽"10"。

③ 表格区域填充"橙色、淡色80%"底纹。

④ 为表格添加边框线:外粗内细,蓝色。

(2) 利用IF函数,根据入职时间填充"备注"列信息。2013年入职的备注为"新聘",其他情况为空白,结果如图8-55所示。

备注=IF(YEAR(F3)=2013,"新聘"," ")

姓名	性别	任教学科	职称	学历	入职日期	获奖级别	获奖金额	备注
王小华	女	语文	中一	专科	2003/6/5	市级	800	
阎锐	男	语文	小一	硕士	2013/3/7	省级	1200	新聘
孙武斌	男	数学	小一	本科	2008/6/8			
孙明	男	语文	小一	本科	2013/12/15			新聘
陈波	男	数学	小高	本科	2008/10/20	县级	600	
孔详	女	语文	小高	专科	2004/6/23	县级	600	
陆朋朋	女	数学	小一	专科	2007/12/10	县级	400	
白雪	女	数学	小一	本科	2011/3/15	县级	600	
陈武	男	语文	小一	本科	2010/8/21	县级	600	
辛晓利	女	语文	小一	专科	2009/5/26	市级	800	

图8-55 "基本情况表"结果

(3) 将"基本情况表"工作表中的数据复制到"Sheet2"工作表中,将"Sheet2"工作表重命名为"排序";在"排序"工作表中,按入职时间先后排序,如图8-56所示。

姓名	性别	任教学科	职称	学历	入职日期	获奖级别	获奖金额	备注
王小华	女	语文	中一	专科	2003/6/5	市级	800	
孔详	女	语文	小高	专科	2004/6/23	县级	600	
陆朋朋	女	数学	小一	专科	2007/12/10	县级	400	
孙武斌	男	数学	小一	本科	2008/6/8			
陈波	男	数学	小高	本科	2008/10/20	县级	600	
辛晓利	女	语文	小一	专科	2009/5/26	市级	800	
陈武	男	语文	小一	本科	2010/8/21	县级	600	
白雪	女	数学	小一	本科	2011/3/15	县级	600	
阎锐	男	语文	小一	硕士	2013/3/7	省级	1200	新聘
孙明	男	语文	小一	本科	2013/12/15			新聘

图8-56 "排序"结果

(4) 将"基本情况表"工作表中的数据复制到"Sheet3"工作表中,将"Sheet3"工作表重命名为"自动筛选";在"自动筛选"工作表中,筛选出学历为"专科",任教学科为"语文"的教师记录,结果如图8-57所示。

姓名	性别	任教学科	职称	学历	入职日期	获奖级别	获奖金额	备注
王小华	女	语文	中一	专科	2003/6/5	市级	800	
孔详	女	语文	小高	专科	2004/6/23	县级	600	
辛晓利	女	语文	小一	专科	2009/5/26	市级	800	

图8-57 "自动筛选"结果

(5) 将"基本情况表"工作表中的数据复制到"Sheet4"工作表中,将"Sheet4"工作表重命名为"高级筛选";在"高级筛选"工作表中,高级筛选出任课为"语文",且获奖级别为"省级或市级"的数据记录,结果如图8-58所示。

	姓名	性别	任教学科	职称	学历	入职日期	获奖级别	获奖金额	备注
1				教师基本情况统计表					
2	姓名	性别	任教学科	职称	学历	入职日期	获奖级别	获奖金额	备注
3	王小华	女	语文	中一	专科	2003/6/5	市级	800	
4	阎锐	男	语文	小一	硕士	2013/3/7	省级	1200	新聘
12	辛晓利	女	语文	小一	专科	2009/5/26	市级	800	
13									
14				任教学科	获奖级别				
15				语文	省级				
16				语文	市级				

图 8-58　"高级筛选"结果

(6) 将"基本情况表"工作表中的数据复制到"Sheet5"工作表中，将"Sheet5"工作表重命名为"分类汇总"；在"分类汇总"工作表中，汇总出每种学科的获奖金额之和，结果如图 8-59 所示。

	姓名	性别	任教学科	职称	学历	入职日期	获奖级别	获奖金额	备注
1				教师基本情况统计表					
2	姓名	性别	任教学科	职称	学历	入职日期	获奖级别	获奖金额	备注
7			数学 汇总					1600	
14			语文 汇总					4000	
15			总计					5600	

图 8-59　"分类汇总"结果

(7) 在新工作表中创建数据透视表，以"基本情况表"工作表为数据源，以"任教学科"为行标签，以"职称"为列标签，对"学历"计数，结果如图 8-60 所示。

	A	B	C	D	E
1					
2					
3	计数项:学历	列标签			
4	行标签	小高	小一	中一	总计
5	数学	1	3		4
6	语文	1	4	1	6
7	总计	2	7	1	10

图 8-60　"数据透视表"结果

技能提升

如何在多张工作表之间实现数据的链接和引用

在 Excel 中，用户可以在同一工作簿中实现各个工作表之间的链接，在查看工作表时，只需在总表中单击工作表名称，即可跳转到相应的工作表。

【例】　"公司总表"工作表中"考勤记录表"单元格超链接到"考核表"工作表。

操作步骤：

(1) 单击需要链接到工作表的"B2"单元格"考勤记录表"，再单击【插入】选项卡的

【超链接】按钮，如图 8-61 所示。

图 8-61 【插入】选项卡的【超链接】按钮

(2) 打开【插入超链接】对话框，单击【本文档中的位置】按钮，再单击需要链接的工作表名称"考核表"，最后单击【确定】按钮，如图 8-62 所示。

图 8-62 【插入超链接】对话框

(3) 设置了超链接后，单元格中的文本呈蓝色显示并带有下划线。用鼠标单击单元格中设置了超链接的文本即可跳转到相应的工作表，如图 8-63 所示。

图 8-63 "超链接"结果

项目九　PowerPoint 应用——旅游景点介绍

PowerPoint 2010 是一个功能强大的幻灯片制作与演示程序，它能合理有效地将图形、图像、文字、声音以及视频剪辑等多媒体元素集于一体，把用户想要表达的信息通过幻灯片的方式淋漓尽致地演示出来，使观看者容易理解，而且感觉轻松，不枯燥乏味。

本项目通过对一旅游景点的介绍，讲述了如何使用 PowerPoint 2010 创建演示文稿、编辑演示文稿，以及在文稿中如何插入图片、表格、SmartArt 图，设置幻灯片外观、幻灯片动画效果、幻灯片切换效果，最后如何打印幻灯片等操作。

 项目目标

➢ 掌握利用 PowerPoint 2010 创建演示文稿的基本过程。
➢ 掌握演示文稿的基本编辑和操作技巧。
➢ 掌握演示文稿的动画设置。
➢ 理解超链接的概念，掌握演示文稿中超链接的应用。
➢ 掌握演示文稿的放映设置和发布操作。

 项目描述

净月潭国家级风景名胜区位于吉林省长春市东南部，距市中心仅 18 公里，总面积 150 多平方公里，其中森林面积 100 多平方公里，森林覆盖率达 96%，潭水面积 430 公顷。景区以低山、丘陵为主，海拔在 200 米到 385 米之间，有大小山头 110 多个，是长白山山系的余脉。净月潭素有台湾日月潭姊妹潭之称，被誉为"亚洲第一大人工林海"。利用 PowerPoint 文字、图形、声音、视频、超链接功能，生动活泼、引人入胜地介绍净月潭国家森林公园。图 9-1 所示为完成的效果。

 项目实施

任务一　初识 PowerPoint

【任务内容】启动 PowerPoint 2010，并自定义快速访问工具栏。

(1) 启动 PowerPoint 2010。PowerPoint 2010 的启动方式常用的有以下两种。

① 通过【开始】菜单启动。单击 Windows 任务栏左侧的 ⊞ 按钮，选择【程序】→【Microsoft Office】→【Microsoft PowerPoint 2010】，即可启动 PowerPoint 2010，如图 9-2 所示。

图 9-1　净月潭国家森林公园演示文稿

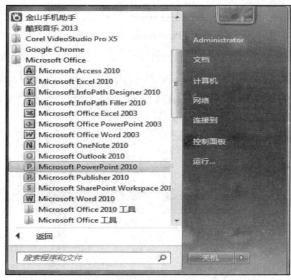

图 9-2　启动【开始】菜单

② 通过桌面快捷方式启动。鼠标左键双击桌面上的"Microsoft PowerPoint 2010"快捷方式，如图 9-3 所示。

图 9-3　启动快捷方式

(2) 认识 PowerPoint 2010 界面。PowerPoint 2010 的窗口组成大体与前面 Word 2010 相同，但又有自己的不同之处，启动 PowerPoint 2010 后，即可出现图 9-4 所示的窗口画面。

图 9-4　PowerPoint 2010 窗口

① 快速访问工具栏。默认情况下，快速访问工具栏位于 PowerPoint 窗口的顶部，用户可以自行设置快速访问工具栏中的按钮，可将需要的常用按钮显示在其中，也可以将不需要的按钮删除，利用该工具栏可以对最常用的工具栏进行快速访问，如图 9-5 所示。

图 9-5　快速访问工具栏

② 功能区和菜单栏。功能区由选项卡、组和按钮三部分组成，如图 9-6 所示。选项卡位于功能区的顶部，是围绕特定方案或对象进行组织的；组位于选项卡中，用于将某个任务细分为多个子任务控件，并以按钮、库和对话框的形式出现。

菜单栏和功能选项卡是对应关系，在菜单栏中单击相应的菜单项即会显示相应的功能选项卡。

图 9-6　功能区

③ 标题栏。标题栏位于 PowerPoint 工作界面的顶端，用于显示演示文稿的标题，标题栏最右端有 3 个按钮，分别用来实现窗口的最大化、还原、最小化和关闭操作。

④ 大纲与幻灯片窗格。幻灯片编辑窗口的左侧即为【幻灯片】和【大纲】窗格，在【大纲】窗格中显示的是幻灯片文本，此区域是撰写幻灯片文字内容的主要区域。当切换至【幻灯片】窗格时，【幻灯片】窗格以缩略图的形式显示演示文稿内容，使用缩略图能更方便地通过演示文稿导航并观看更改的效果。

⑤ 幻灯片编辑区。PowerPoint 2010 主界面中间最大的区域即为幻灯片编辑区，用于编辑幻灯片的各项内容，当幻灯片应用主题和版式后，编辑区会出现相应提示信息，提示用户输入相关内容。

⑥ 备注栏。备注栏位于幻灯片编辑窗口的下方，用于显示幻灯片备注信息，方便用户使用。用户还可以打印备注，将其分发给观众。

⑦ 状态栏。状态栏位于 PowerPoint 工作界面底部，用于显示当前状态，例如字数、页数及语言等信息。状态栏右侧为“视图切换按钮和显示比例滑杆”区域，通过视图切换按钮可以快速切换幻灯片的视图模式，显示比例滑竿可以控制幻灯片在整个编辑区的显示比例，达到理想效果。图 9-7 所示为状态栏。

图 9-7　状态栏

(3) 使用 PowerPoint 2010 的四种视图方式观看幻灯片。

视图是 PowerPoint 文档在计算机屏幕上的显示方式，PowerPoint 2010 提供了四种视图模式，即普通视图、幻灯片浏览视图、幻灯片放映视图和备注页视图。在不同的视图中，可以使用相应的方式查看和操作演示文稿。

① 普通视图。普通视图是 PowerPoint 2010 的默认视图，用普通视图可以同时观察演示文稿中某张幻灯片的显示效果、大纲级别和备注内容；普通视图主要用于幻灯片总体结构，也可以单独编辑单张幻灯片或大纲。单击【幻灯片】/【大纲】窗格上的【幻灯片】选项卡，即可进入普通视图的幻灯片模式和大纲模式，分别如图 9-8 和图 9-9 所示。

图 9-8　普通视图幻灯片模式

图 9-9　普通视图大纲模式

幻灯片模式显示的是幻灯片的缩略图，在每张图的前面有幻灯片的序列号和动画播放按钮。单击缩略图，即可在右边的幻灯片编辑窗口中进行编辑修改，单击【播放】按钮，可以浏览幻灯片动画播放效果。大纲模式是调整、修饰幻灯片的最好显示模式。

②　幻灯片浏览视图。在幻灯片浏览视图中，看到演示文稿中所有幻灯片，调整演示文稿的整体显示效果，还可以改变幻灯片的背景设计和调色方案等，并重新排列幻灯片顺序、添加或删除幻灯片、复制幻灯片及制作现有幻灯片的副本等，如图 9-10 所示。

图 9-10　幻灯片浏览视图

③　幻灯片放映视图。在幻灯片放映视图中，可放映当前演示文稿中的各个幻灯片效果，从中体验到演示文稿中的动画和声音效果。单击状态栏上的【幻灯片放映】按钮 ，即可进入幻灯片放映视图。

④　备注页视图。备注页视图用于为演示文稿中的幻灯片提供备注，单击【视图】选项卡【演示文稿】组中的【备注页】按钮，切换到备注页视图；在该视图模式下，可以通过文字、图片、图表和表格等对象来制作备注。

任务二　创建演示文稿

【任务内容】新建 PowerPoint 文档，以"净月潭国家森林公园"命名并保存到桌面上。

(1) 创建空白演示文稿。启动 PowerPoint 2010，系统会自动新建一个默认文件名为"演示文稿1"的空白演示文稿，如图9-11所示。

图9-11 "新建演示文稿"窗口界面

PowerPoint 2010创建演示文稿主要有以下两种方法。

① 启动PowerPoint 2010程序后，系统会自动新建一个名为"演示文稿1"的空白演示文稿。

② 打开演示文稿，单击【文件】选项卡【新建】命令，在中间的【可用的模板和主题】列表框中单击【空白演示文稿】按钮，再单击【创建】按钮，如图9-12所示，即可新建一个空白演示文稿。

图9-12 【新建】命令选区

(2) 以"净月潭国家森林公园"命名文档并保存到桌面。

① 单击【常用】工具栏中的【保存】按钮 ⬛。

② 或者单击【文件】→【另存为】命令，打开【另存为】对话框，在【保存位置】下拉列表框中选择"桌面"选项，在【文件名】中输入"净月潭国家森林公园"，单击【保

存】按钮，如图 9-13 所示。

图 9-13　【另存为】对话框

任务三　编辑演示文稿

【任务内容】在"净月潭国家森林公园"演示文稿中插入 8 张幻灯片，用于制作和编辑摘要，目录、表格和 SmartArt 等方面的内容。

(1) 添加幻灯片，并将"中性"主题应用所有幻灯片，并设置各幻灯片版式。

一个完整的演示文稿通常包含多张幻灯片，但是新建的演示文稿中默认只包含一张输入标题内容的幻灯片，要想继续完成其他内容，就需要手动插入新的幻灯片。插入幻灯片可以通过【开始】选项卡中【幻灯片】组、快捷键和右键快捷菜单三种方式来完成。

① 通过【开始】选项卡中【幻灯片】组。选择插入新幻灯片的位置，然后单击【开始】选项卡【幻灯片】组中的【新建幻灯片】按钮，即可添加一张新幻灯片，如图 9-14 所示。

图 9-14　新建幻灯片按钮

② 通过快捷键。选择插入新幻灯片的位置后，将鼠标指针定位于【幻灯片】/【大纲】窗格中的目标位置，按【Enter】键，即可添加一张幻灯片。若连续按多次，即可添加多张幻灯片。

③ 通过右键快捷菜单。在【幻灯片】/【大纲】窗格中的目标位置处单击鼠标右键，在弹出的快捷菜单中选择【新建幻灯片】命令，即可添加一张幻灯片，如图9-15所示。

在标题幻灯片的后面可选用①②③中的任意一种方法插入7张幻灯片。

④ 在新建的幻灯片正文页中，单击【开始】选项卡【幻灯片】组中的【版式】下拉按钮，在弹出的窗口中根据需要选择相应版式，如图9-16所示。第2页和第3页选择【标题和内容】版式，其他页选择【仅标题】版式。

图9-15　右键新建命令　　　　　　　　　　　　　图9-16　版式窗口

(2) 将"中性"主题应用于所有幻灯片。根据文稿内容选择"中性"主题，并应用于所有幻灯片。具体操作如下：

① 单击【设计】选项卡【主题】组，选择【中性】样式按钮即可。

② 默认所有幻灯片都已应用了【中性】主题样式。

如果只想应用于某张幻灯片，在【幻灯片】列表中选中指定幻灯片，右键单击【中性】样式按钮，在弹出的菜单中选择【应用于选定幻灯片】命令。

如果对当前模板中的配色方案、字体和效果不满意，可以自定义主题模板配色方案、字体、效果。具体操作如下：

① 单击【设计】选项卡。

② 在【主题】选项组通过【颜色】、【字体】、【效果】按钮来进行更改。

(3) 为第1张幻灯片添加相应内容。

① 第1张幻灯片为【标题幻灯片】版式。输入演示文稿的题目"净月潭国家森林公园"，格式为"隶书，44磅"，字体颜色为"红色"。

② 单击【设计】选项卡，在【背景】选项组单击【背景样式】下拉按钮。

③ 在弹出的下拉菜单中，单击【设置背景格式】选项。

④ 在弹出的【设置背景格式】对话框中，【填充】选项下，勾选【图片或纹理填充】单选框，单击【文件】按钮，选择"净月潭风景图片"，最后单击【关闭】即可，如图9-17所示。

图 9-17　幻灯片首页

(4) 为第 2 张幻灯片添加相应文本内容与表格。第 2 张幻灯片为【简介】幻灯片，并在其中输入提炼后的内容，如图 9-18 所示。具体文字内容如下：

净月潭是一个民国时期建立的蓄水池，因其弯月状而得名，被誉为台湾日月潭的姊妹潭。

净月潭国家森林公园是指包含净月潭、森林浴池、东北虎园等诸多景点的国家级风景名胜。公园以良好的森林生态环境为主体，伴随碧松净月塔楼、太平钟楼等人文景观，于2011 年被正式评为国家 5A 级旅游名胜景区。

图 9-18　【简介】幻灯片

① 使用幻灯片占位符直接插入文本。新建演示文稿或插入新幻灯片后，在每张幻灯片中都包含两个或多个虚线框。在 PowerPoint 2010 中，这些虚线框称为占位符，幻灯片中显示的文本、图片、表格等对象都通过占位符输入。完成文本输入操作后，还可以设置文本格式。

此外，还可以使用文本框输入文本。

如果幻灯片的占位符不能满足文本输入要求，可以自己插入一个文本框，然后在插入的文本框中输入内容，在输入过程中，文本框的宽度会随着文本的增多而自动增大。单击【插入】选项卡【文本】组中的【文本框】按钮，在幻灯片中需要输入文字的位置处单击鼠标，此时文本框中会自动出现一个文本插入点，在其中输入文字即可。

将幻灯片中不需要的项目符号去掉，调整幻灯片中文本的格式、行距等。文本的字体段落可以通过单击鼠标右键的命令选项来完成。

② 在幻灯片中插入表格。单击在【插入】选项卡【表格】组中的【表格】下拉按钮，在弹出的窗口中拖动鼠标选择相应的行列数后，单击鼠标左键，即可插入表格，如图 9-19 所示。或者在弹出窗口中选择【插入表格】命令，在打开的【插入表格】对话框中设置"行数"和"列数"，单击【确定】按钮，即可插入表格。

图 9-19　插入表格

③ 插入表格后，输入相应内容。可以通过【表格工具】选项卡中【布局】组、【设计】组对表格结构、样式和大小等进行编辑，分别如图 9-20 和图 9-21 所示。

图 9-20　表格工具设计组

图 9-21　表格工具布局组

(5) 为第 3 张幻灯片添加相应内容。第 3 张幻灯片为【目录】幻灯片，在其中输入提炼后的内容，如图 9-22 所示。

图 9-22 【目录】幻灯片

(6) 在其他幻灯片的标题中分别输入"目录"页中对应的项目。

(7) 初建的幻灯片文稿在结构上和内容上还不能令人满意，需要进一步编辑整理，需要删除或移动幻灯片。

① 在普通视图的【幻灯片】窗格下，选中空白或无用的幻灯片，单击鼠标右键，在弹出的快捷菜单中选择【删除幻灯片】命令，即可删除幻灯片。

② 在普通视图的【幻灯片】窗格下，选中要移动的幻灯片，按住鼠标左键并向上或向下拖动鼠标，移至相应位置后，释放鼠标。

任务四 在演示文稿中插入图片

【任务内容】在第 8 张幻灯片中插入 4 张图片，按上、下、左、右排列并将图片设置为相同大小，"矩形阴影"的样式。

为了让景区的风景展示给广大游客，在第 8 张幻灯片中插入图片，具体操作如下：

(1) 插入图片。

① 在选中的幻灯片中，单击【插入】选项卡【图像】组中的【图片】选项。

② 在弹出的【插入图片】对话框中选择需要的图片，单击【插入】按钮即可。

(2) 编辑图片。如果插入的图片不符合要求时，可以通过【格式】选项卡，在【图片样式】组、【调整】组、【大小】组进行设置，分别如图 9-23 和图 9-24 所示。

图 9-23 图片/【图片样式】组

图 9-24 图片/【调整】组

任务五　在演示文稿中插入 SmartArt

【任务内容】在第 4、5、7 张幻灯片中分别加入"向上箭头"、"垂直图片列表"、"基本循环" SmartArt 图形，将"基本循环"的颜色设置为"彩色-强调文字颜色"，将"垂直图片列表"的颜色设置为"彩色轮廓-强调文字颜色 1"，在 6 张幻灯片中插入如图 9-35 所示 4 个"圆角矩形"，2 条"直线"，分别填充颜色为"橙色，强调颜色 2"、"浅绿"；直线宽度与圆角矩形边框宽度为 6 磅，圆角矩形的大小分别为高 1.13 厘米、宽 6.65 厘米，高 6.84 厘米、宽 7.83 厘米，直线高度为 1.3 厘米。

(1) 在第 4 页插入"向上箭头" SmartArt 图形。

① 单击【插入】选项卡，在【插图】选项组中单击【SmartArt】按钮。

② 在弹出的【选择 SmartArt 图形】对话框中，选择"流程"中"向上箭头" SmartArt 图形，如图 9-25 所示。

图 9-25　"向上箭头" SmartArt 图形

③ 单击【确定】按钮，如图 9-26 所示，请填写具体内容。

图 9-26　"向上箭头"具体内容

(2) 在"向上箭头"SmartArt 图形中添加结点个数。

① 选择 SmartArt 图形，单击图 9-26 中左侧左拉按钮。

② 在弹出的文本对话框中，选择最下方文本框，单击【Enter】键即可添加结点，并填写相应内容。

(3) 在第 5 页插入"垂直图片列表"的 SmartArt 图形。

① 单击【插入】选项卡，在【插图】选项组中单击【SmartArt】按钮。

② 在弹出的【选择 SmartArt 图形】对话框中，选择"列表"中"垂直图片列表"SmartArt 图形，如图 9-27 所示。

图 9-27　"垂直图片列表"SmartArt 图形

③ 单击【确定】按钮，如图 9-28 所示。

图 9-28　垂直图片列表

④ 选中"垂直图片列表"，单击【SmartArt】工具栏下的【设计】选项卡，如图 9-29 所示；在【SmartArt 样式】组单击【更改颜色】下拉按钮，选择"强调文字颜色 1"下"彩

色轮廓-强调文字颜色 1"。

图 9-29 垂直图片列表【更改颜色】按钮

如需添加分支，在图 9-28 所标示位置，单击其左侧左拉按钮或右拉按钮，如图 9-30 所示；在其弹出的文本对话框中，编辑文本时，单击【Enter】键即可添加分支。

图 9-30 添加分支

⑤ 在前端图片位置插入相关主题的图片，后面输入具体内容，效果如图 9-31 所示。

图 9-31 "垂直图片列表"内容

（4）在第 7 页插入"基本循环"SmartArt 图形。

① 单击【插入】选项卡，在【插图】选项组中单击【SmartArt】按钮。

② 在弹出的【选择 SmartArt 图形】对话框中，选择"循环"中"基本循环"SmartArt 图形，如图 9-32 所示。

图 9-32　"基本循环"SmartArt 图形

③ 按图 9-33 所示填写具体内容及相关图片。

图 9-33　"基本循环"内容

④ 单击选中"基本循环"SmartArt 图形，再单击【SmartArt 工具】下的【设计】选项卡，在【SmartArt 样式】组单击【更改颜色】下拉按钮，选择"彩色-强调文字颜色"。

（5）在 6 张幻灯片中插入如图 9-34 所示的 4 个"圆角矩形"，2 条"直线"，圆角矩形的大小分别为高 1.13 厘米、宽 6.65 厘米，高 6.84 厘米、宽 7.83 厘米，直线高度为 1.3 厘米，分别填充颜色为"橙色，强调颜色 2"、"浅绿"；直线宽度与圆角矩形边框宽度为 6 磅。

① 单击【插入】选项卡，在【插图】选项组中单击【形状】按钮。

② 在弹出的列表中选择"圆角矩形"。重复此操作，再新建一个圆角矩形。

③ 选中其中一个"圆角矩形"，单击【绘图工具】【格式】栏，在【形状样式】组中

选择【形状填充】→【主题颜色】→"橙色,强调颜色 2",在【大小】组中设置高 1.13 厘米、宽 6.65 厘米;选中另外一个"圆角矩形",在【形状样式】组中选择【形状轮廓】→【主题颜色】→"橙色,强调颜色 2",在【大小】组中设置高 1.13 厘米、宽 6.65 厘米,如图 9-34 所示。

(a) "圆角矩形"的"形状样式"

(b) "圆角矩形"的"大小"

图 9-34 "圆角矩形"的"形状样式"和"大小"

④ 单击【插入】选项卡,在【插图】选项组中单击【形状】按钮,在弹出的列表中选择"直线"。

⑤ 选中"直线",在【形状样式】组中选择【形状轮廓】→【主题颜色】→"橙色,强调颜色 2",在【大小】组中设置高 1.3 厘米。

⑥ 按图 9-35 所示摆放,并添加相应文字内容。

图 9-35 "圆角矩形"效果

⑦ 按照①~⑤步骤方法完成另外一组的制作。

任务六　设置幻灯片外观

【任务内容】在整个演示文稿每页上的相同位置，添加"净月潭国家森林公园"的字样。

在制作幻灯片的过程中，为了体现所演示内容的整体性，需要演示文稿的幻灯片具有一致的外观。要使演示文稿的风格一致，可以通过母版设置，母版是指为整个演示文稿设置统一版式的一种模板。设计幻灯片母版主要是指更改其中的各种占位符、占位符中的文本格式、主题。这些操作都是在幻灯片母版视图中进行的，只要在母版中设置了样式，对应的幻灯片中相应位置就会随之改变。如果将多个应用模板应用于演示文稿，则将拥有多个幻灯片母版。所以，如果要更改整个演示文稿，就需要更改每个幻灯片母版。

幻灯片母版中包含多张幻灯片，但在实际制作过程中只会用到个别版式的幻灯片。此外，还可以根据实际需要，新建幻灯片或设计幻灯片版式。

以下步骤用于添加"净月潭国家森林公园"的字样，并使该字样同时出现在模板中的每张幻灯片中。

① 任选一张基于当前模板的幻灯片。

② 单击【视图】选项卡【母版视图】组中的【幻灯片母版】按钮，进入幻灯片母版编辑状态，如图9-36所示。

图9-36　母版视图

③ 在母版编辑状态下，选择左侧列表中第一张幻灯片，在幻灯片右上角处，单击【插入】选项卡【文本】组中的【文本框】按钮，并添加文本"净月潭国家森林公园"。

④ 单击【幻灯片母版】选项卡【关闭】组中的【关闭母版视图】按钮，即返回普通视图下。可以看到每页幻灯片的顶端都出现了"净月潭国家森林公园"。

备注母版主要应用于设置幻灯片中备注页的格式，设计备注母版内容包括演示文稿中所有备注信息的字体、页眉页脚和背景样式等内容。

讲义模板主要是为制作课件或培训类演示文稿时使用的，如果用户需要和观众互动或想提前熟悉演示文稿内容，可以事先把讲义模板设置好，然后再将其打印出来分发给观众。

任务七　设置幻灯片动画方案

【任务内容】为演示文稿中的幻灯片添加动画方案。为"简介"幻灯片中添加"淡出"动画效果，并设置"风铃"声音效果，设置"随机线条"的切换方式，切换声音为"风铃"，将目录页中的"景观景点"设置超链接，并在"景观景点"页设置返回目录页按钮。

幻灯片的动画设置包括幻灯片之间的切换动画效果，以及幻灯片中的单个对象进入屏幕和退出屏幕时的动画设置。

动画方案是指幻灯片中的内容在放映时所显示的过渡效果，为幻灯片适当地添加动画方案，可有效地增强演示文稿的生动性，可以利用预置动画方案设置动画效果，也可以自定义动画效果。每个方案通常包括幻灯片的标题效果、应用于幻灯片项目符号和段落效果等。动画方案命令简单直观，但动画效果有限，自定义动画不仅同时可以设置多个对象的动画和声音效果，还可以调整各个对象在放映时顺序、时间等。以第 2 页幻灯片为例设置动画方案。

(1) 利用动画方案为"简介"幻灯片添加"淡出"动画效果，并设置"风玲"声音效果。

① 选中"简介"幻灯片中要添加动画的对象。

② 单击【动画】选项卡【动画】组中的【淡出】按钮，如图 9-37 所示。

图 9-37 　【动画】组中的【淡出】按钮

③ 更多的动画效果也可以单击【动画】组中的下拉按钮，在弹出的窗口中进行设置，如【更多进入效果】、【更多强调效果】、【更多退出效果】等。

④ 打开【淡出】对话框，在【效果】标签中将【声音】设置为"风铃"，如图 9-38 所示。

图 9-38 　【效果】选项卡

图 9-39 　【计时】选项卡

⑤ 单击【确定】按钮，完成所有设置。

可以设置选择开始播放动画的时间、指定动画的播放长度和等待动画播放时间三个方面。具体操作如下：

① 单击【动画】选项卡【动画】组右下角的【对话启动器】按钮。

② 打开【淡出】对话框，在【计时】标签中设置【开始】、【延迟】、【期间】、【重复】等选项，如图 9-39 所示。

或者通过设置【动画】选项卡【计时】组进行设置。

为了制作出具有感染力的动态演示文稿，也可以在演示文稿中对同一对象应用不同的动画方案，同时可以在【动画】选项卡【动画窗格】组中对不同的动画效果进行高级设置。

　知识链接——动画刷的使用

同一幻灯片中添加多个动画方案可以用"动画刷"来复制各种动画效果。具体操作如下：选择好已经设置好的动画方案的对象，然后选择【动画】选项卡【高级动画】组，在其中单击【动画刷】按钮，鼠标变成小刷子图形，在要添加动画的对象上单击鼠标即可复制所选动画效果。

(2) 设置幻灯片切换方式，为第 2 张幻灯片设置【随机线条】的切换方式，并设置切换声音为"风铃"。

幻灯片切换是指在放映幻灯片时，由当前幻灯片切换至下一张幻灯片时的过滤效果。默认情况下，幻灯片之间的切换没有动画效果。具体操作如下：

① 选中第 2 张幻灯片，单击【切换】选项卡【切换到此幻灯片】组中的【随机线条】切换方案按钮，如图 9-40 所示。

图 9-40　【切换到此幻灯片】组中的【随机线条】

② 单击【切换】选项卡【切换到此幻灯片】组中的【效果选项】下拉按钮，在弹出的列表中选择所需的切换方式，如图 9-41 所示。

图 9-41　【切换到此幻灯片】组中的【效果选项】

③ 单击【切换】选项卡【计时】组中的【声音】下拉按钮，选择相应的选项后即可

改变幻灯片的切换声音，如图 9-42 所示。

图 9-42　【切换】选项卡【计时】组

④ 还可以通过【切换】选项卡【计时】组中的【持续时间】按钮改变幻灯片的切换速度，勾选【单击鼠标时】或【设置自动换片时间】复选框可以设置换片方式。

如果想把切换的效果应用到所有幻灯片中，可以单击【计时】组【全部应用】按钮。

(3) 将目录页中的"景观景点"设置超链接，并在"景观景点"页设置返回目录页按钮。

除了设置以上的效果来体现幻灯片的切换效果以外，还可以通过超链接、动作设置和动作按钮来实现演示文稿的交互式切换效果。具体操作如下：

① 在"目录"幻灯片中选中文本"景观景点"，单击【插入】选项卡【链接】组中的【超链接】按钮。

② 在弹出的【插入超链接】对话框中，左侧【链接到】列表中选择【本文档中的位置】，在【请选择文档中的位置】列表中选择幻灯片标题"6.景观景点"，单击【确定】按钮。

③ 播放幻灯片，当鼠标经过具有超链接的文本时，光标会变成手形状，单击文本，幻灯片就会跳到标题为"景观景点"的幻灯片，如图 9-43 所示。

图 9-43　【编辑超链接】对话框

④ 使用同样的方式为其他文本创建超链接，以便在放映的过程中可以跳转到相应标题的幻灯片。

超链接完成后，"自然资源"文本下添加了下划线，且文本颜色发生改变，表示这个文本具有超链接功能。需要注意，超链接只有在幻灯片放映时才有效。为了在当前幻灯片内容演讲完后，继续其他内容，需要在幻灯片上添加"返回"的功能。具体操作如下：

①　选择标题为"自然资源"幻灯片，选择【插入】选项卡【插图】组中的【形状】按钮。在弹出的列表底部选择【动作按钮】，按钮样式很多，可以根据需要选择相应的样式，如图 9-44 所示。

图 9-44　【动作】按钮

②　在幻灯片中，鼠标变成"＋"字形，拖动鼠标在适当位置画出按钮，松开鼠标，弹出【动作设置】对话框。在【单击鼠标】标签中勾选【超链接到】单选项，同时在下拉列表中选择"幻灯片"，会弹出【超链接到幻灯片】对话框，在【幻灯片标题】列表中选择【目录】，依次单击【确定】按钮，如图 9-45 所示。

图 9-45　【动作设置】对话框和【超链接到幻灯片】对话框

③　为了说明按钮的功能，可以在按钮图标上添加文本。具体操作：单击鼠标右键，在弹出的快捷菜单中选择【添加文本】命令，输入"返回"。文本格式和按钮大小根据需要进行调整。

任务八　放映幻灯片

【任务内容】为演示文稿设置"自动循环播放"的放映方式。

　　演示文稿制作完成以后，就可以进行放映。根据当前幻灯片的需要可以将其设置为自动循环播放的演示文稿。自动循环播放演示文稿是一种不需要专人播放幻灯片就可以沟通信息的方式，系统会自动由上一张幻灯片切换到下一张幻灯片进行放映。自动循环播放演示文稿的关键是控制每张幻灯片放映时间。

1. 为演示文稿设置"排练计时"

　　(1) 选择【幻灯片放映】选项卡【设置】组【排练计时】命令，自动切换到第 1 张幻灯片的全屏放映模式状态，并在幻灯片屏幕左上角出现【录制】工具栏，自动记录当前幻灯片的停留时间，如图 9-46 所示。

图 9-46　排练计时

　　(2) 演示完第 1 张幻灯片后，单击鼠标进入第 2 张幻灯片演示操作，当演示完所有幻灯片后，弹出提示对话框，显示幻灯片放映的总时间，单击【是】按钮，保留新的幻灯片排练时间，在"幻灯片浏览视图"下可以看到每张幻灯片的下方自动显示放映该幻灯片所需要的时间；单击【否】按钮，则放弃本次时间设置。

2. 设置幻灯片"自动循环播放"

　　(1) 单击【幻灯片放映】选项卡【设置】组中的【设置幻灯片放映】按钮。
　　(2) 在弹出的对话框中，勾选"循环放映，按 ESC 键终止"复选框，如图 9-47 所示，单击【确定】按钮。

图 9-47　放映方式

　　(3) 单击【幻灯片放映】选项卡【开始放映幻灯片】组中的【从头开始】按钮，演示文稿即会自动循环播放，需要停止时，按【Esc】键退出。

　　由于放映场合不同，在实际放映过程中有时会进行自定义放映操作，即具体指定演示文稿中哪些幻灯片需要放映，哪些不需要放映，可以通过【幻灯片放映】选项卡【开始放映幻灯片】组中的【幻灯片放映】按钮设置。

　　在放映过程中，可以搭配适当的音乐，渲染气氛，增强感染力。

3. 为演示文稿添加背景音乐

(1) 选择第 1 张幻灯片，单击【插入】选项卡【媒体】组中的【音频】下拉按钮。

(2) 弹出的列表中选择需要的音频类型——文件中的音频，在【插入音频】的对话框中选择音频文件，单击【插入】按钮，关闭对话框。

(3) 此时，在幻灯片页面上出现一个"喇叭"图标，鼠标右键单击该图标，勾选【播放】选项卡【音频选项】组中的【放映时隐藏】、【循环播放，直到停止】复选框，【开始】设置为"跨幻灯片播放"，如图 9-48 所示。

图 9-48　音频选项组

除了插入文件中的音频，也可以插入剪贴画音频、录制音频文件，还可以插入视频文件。这都是通过单击【插入】选项卡【媒体】组中的【音频】、【视频】按钮来完成。

任务九　打印幻灯片

【任务内容】将"净月潭国家森林公园"演示文稿以"讲义"的形式打印。

演示文稿可以用多种形式打印，如"幻灯片"、"讲义"、"备注页"和"大纲视图"。其中，"讲义"打印形式就是将演示文稿中的若干张幻灯片按照一定的组合方式打印在纸张上，以便发给读者参考。具体操作如下：

(1) 单击【文件】菜单，选择【打印】命令，如图 9-49 所示。

图 9-49　打印设置

(2) 在中间窗格【设置】栏下单击【整页幻灯片】下拉按钮，弹出下拉列表，在【讲义】栏中选择"6 张水平放置的幻灯片"选项，如图 9-50 所示。

图 9-50　幻灯片设置

(3) 通过【打印机】选择打印机名称。

(4) 根据需要设置打印份数，单击【打印】按钮，即可开始打印。

 项目总结

本项目通过制作"净月潭国家森林公园"演示文稿，介绍了创建幻灯片、编辑幻灯片、设置幻灯片的方法。制作过程中包括幻灯片的插入、删除、复制、移动等基本操作，以及幻灯片各种版式的应用、插入和编辑幻灯片上的各种对象(图片、SmartArt、声音、表格等)、幻灯片的格式化等。

演示文稿的动态效果制作主要包括幻灯片中各种对象的动画效果，并主要通过动画方案和自定义动画来完成；幻灯片之间的动态效果主要通过幻灯片切换、幻灯片之间的交互效果(动作设置和超链接)以及设置演示文稿的放映方式来实现。

 项目实战

实战 1　为某一饮料品牌做一个"饮料广告策划案"

饮料广告策划案的效果如图 9-51 所示。

图 9-51　饮料广告策划案

为某一饮料品牌作一个"饮料广告策划案"，内容如下：

第一页：标题页输入"饮料广告策划案"。

第二页：目录。

- 前言
- 市场分析
- 广告策略分析
- 广告计划
- 广告预算与分配

第三页：前言。

集团一直以来以行业领跑者的身份带领着我国饮料业的不断进步，尤其是"冰爽"矿泉水已逐步迈向成熟期，本次广告主要对象是所有青少年朋友。在炎炎夏日外出时，通常都会选购一些冷饮消暑，我们将利用广告对消费者进行心理暗示，使消费者在面对酷暑时会自动想到"冰爽"矿泉水，从而购买本产品。

第四页：市场分析。

第五页：目标策略。

以"痛快解渴"为点，全面宣传"冰爽"矿泉水。

塑造企业形象，充分挖掘市场的潜在消费人群。

阐释消费者和商品的高度吻合，以提高品牌忠诚度，从而提升指名购买率。

第六页：定位策略。

市场地位策略：

　　　　地点：学校周边、车站、繁华地带等。

　　　　消费行为：批发和零售相结合。

　　　　目标群体：广大青少年朋友为主。

产品信息策略：

价格：各个档次兼有，主推中档产品。

第七页：媒体策略。

媒体分配：电视广告、网络广告、实体广告等。

时间分配：

电视台中午与晚饭时间段，时长 20 秒。

网络电视广告播放一个月，时长 20 秒。

实体广告，如横幅、在校园搞促销活动等。

内容分配：

电视主要介绍产品特色。

实体广告主要宣传产品，让消费者了解并认可该产品。

第八页：广告创意，插入图片。

第九页：广告计划。

广告工作计划：7 月上旬进行市场分析，下旬制作策划方案，8 月初实施。

广告发布计划：9 月前推出，网络媒体定期播放，并根据节假日推出不同的广告效果。

产品促销计划：在产品投放市场一段时间后，制作不同的促销方案，尤其是要利用节假日进行各种促销活动。

第十页：广告预算与分配，如图 9-52 所示。

第十一页：结束，谢谢。

图 9-52　广告预算与分配

幻灯片设计要求：

(1) 为幻灯片应用主题样式、颜色和字体方案。

第一页：封面标题页输入"饮料广告策划案"，设置"茅草"主题样式，应用"行云流水"字体方案，应用于所有幻灯片。

(2) 插入并编辑 SmartArt 图形。

第二页：应用"垂直曲形列表" SmartArt 图形，前端圆形填充"茶色，强调文字颜色 6，淡色 60%"，列表应用"蓝-灰，强调文字颜色 1"，如图 9-53 所示。

第四页：插入"垂直箭头列表"SmartArt 图形，左侧列表应用"蓝-灰，强调文字颜色1"，如图 9-54 所示。

图 9-53　目录　　　　　　　　　　　　　　　　图 9-54　市场分析

第九页：插入与主题相关图片及文字说明。

第十页：插入"漏斗"SmartArt 图形，应用"棱台"效果，设置"艺术装饰"形状样式，填充 "强调文字颜色 6 中渐变循环-强调文字颜色 6"，"浮入"动画样式，"逐个"效果选项。

(3) 为全部幻灯片设置切换方式，效果自选。

(4) 放映幻灯片。设置【从头开始】放映幻灯片。

操作步骤提示：

(1) 为幻灯片应用主题样式和字体方案。

① 创建"饮料广告策划案"演示后，切换至第 1 张幻灯片。

② 单击【设计】→【主题】组选择"茅草"主题样式，应用于所有幻灯片。

③ 单击【设计】→【主题】组中的【字体】下拉按钮。

④ 在弹出的下拉列表中选择"行云流水"选项。

(2) 插入并编辑 SmartArt 图形。

① 切换至 11 张幻灯片后，单击【插入】→【插图】组中的【SmartArt】按钮。

② 打开【选择 SmartArt 图形】对话框，选择【关系】中"漏斗"图形。

③ 单击【确定】按钮。

④ 单击插入图形左侧的【文本窗格】按钮，在打开的【在此处键入文字】窗格中输入所需文本。

⑤ 完成文字输入后，单击【文本窗格】右上角【关闭】按钮，将其关闭。

⑥ 选择插入的"漏斗"图形，单击【SmartArt 工具】→【格式】→【形状样式】组中的【形状效果】下拉按钮，在弹出的下拉列表中选择【棱台】→"艺术装饰"选项。

⑦ 单击【SmartArt 工具】→【设计】→【SmartArt 样式】→【更改颜色】下拉按钮，选择"强调文字颜色 6 中渐变循环-强调文字颜色 6"。

⑧ 单击【动画】组"浮入"动画效果。

⑨ 单击【动画】组中的【效果选项】下拉按钮，在弹出的下拉列表中选择【序列】中【逐个】选项。

利用相同的方法在第二页插入"垂直曲形列表",第四页插入"垂直箭头列表"SmartArt
图形,并填写相应文字。

(3) 放映幻灯片。切换至【幻灯片放映】选项卡,单击【开始放映幻灯片】组中的【从
头开始】按钮即可。

实战2　制作"年终总结报告"

年终总结报告的效果如图 9-55 所示。

图 9-55　年终总结报告

制作"年终总结报告",内容如下:

第一页:2014 年年终总结报告。

第二页:总经理致辞。

各位同仁,下午好:

感谢大家在过去一年的辛苦付出与奉献,虽然去年公司遭遇到了一个大的危机,但在
全体同仁的共同努力下,公司还是坚强地挺过来了。旧岁已经过去,新的一年即将到来。
在这里,祝大家身体健康、万事如意,同时,也将本年度的工作情况作如下总结。

第三页:业绩回顾,如图 9-56 所示。

第四页:业绩分析,如图 9-57 所示。

图 9-56　业绩回顾　　　　　　　　　　　　　图 9-57　业绩分析

业绩分析的内容如下：

正面因素

调整营销策略，降低加盟费用。

加强了销售人员工作的过程管理。

采用"经济激励"手段是促成业绩的主要因素。

对市场遗留问题实行即时解决。

负面因素

销售人员对公司的指标精神理解不够。

客户选择公司产品时考虑最多的因素是折扣低价。

大多数代理商存在"等"、"靠"等错误观念。

第五页：全年产量汇总，表格内容如图 9-58 所示。

第六页：全年销量统计，如图 9-59 所示。

图 9-58　全年产量汇总　　　　　　　　　　图 9-59　全年销售统计

第七页：工作展望。内容如下：

展望 2015 年，我想我应该从以下几个方面来开展我们市场部的工作。加强市场推广、宣传力度。在巩固现有市场份额基础上，加强市场渗透，运用各种促销方式或商务手段确保市场的占有率。负责建立、健全营销网络；完善客户资料，负责客户情况的收集、调查；建立完善合理的奖励机制调动销售人员的工作积极性。做好员工培训、交流工作。

幻灯片设计要求：

(1) 设置项目符号、幻灯片编号，将"波形"主题样式应用于所有幻灯片。在幻灯片母版视图中设置文本占位符的项目符号，并为除标题幻灯片外的所有幻灯片添加编号。

(2) 编辑表格和图表。在第 5 页中插入一个 4 行 4 列的表格，设置表格样式为"中度样式 2，强调 2"，表格边框线为"4.5 磅"，表格中的文本设置为"垂直居中"，第 6 页插入 Excel 表格的图表图片。

(3) 应用自选图形。利用自选图形中的"圆角矩形"，"矩形"，"圆形"等形状完成如图 9-56 所示的组合。

(4) 设置动画效果。对幻灯片中的形状、表格和图片加"进入"和"强调"动画。

(5) 利用超链接制作弹出式菜单效果。

(6) 将演示文稿另存为模板。

操作步骤提示：

(1) 设置项目符号和幻灯片编号、"波形"主题。创建幻灯片后，在每页标题中按提纲输入内容。

① 单击【视图】→【母版视图】组中的【幻灯片母版】按钮。

② 进入【幻灯片母版】视图后，选择左侧列表框中的第 1 张幻灯片，拖动鼠标选择文本占位符中一级母版文本样式。

③ 单击【开始】→【段落】组中的【项目符号】下拉按钮。

④ 在弹出的下拉列表中，选择【项目符号和编号】命令，在弹出的对话框中，选择【项目符号】标签，单击【自定义】按钮 自定义(U)...。

⑤ 在打开的【符号】对话框中，选择"➢"符号，单击【确定】按钮。

⑥ 选择当前幻灯片中的文本占位符后，单击【插入】→【文本】组中的【幻灯片编号】按钮。勾选【幻灯片编号】、【标题幻灯片中不显示】复选框，单击【全部应用】按钮 全部应用(Y)，关闭母版视图。

⑦ 选择【设计】选项卡【页面设置】组中的【页面设置】选项，将幻灯片的起始编号设置为"0"。

⑧ 鼠标右键单击【设计】选项卡【主题】组中的【波形】选项，在弹出的菜单中选择"应用于所有幻灯片选项"。

(2) 编辑表格和图表。

① 切换至第 5 张幻灯片，选择【插入】→【表格】组中的【插入表格】命令，创建 4 行 4 列表格，输入相应内容。

② 选中表格，在【表格工具/布局】选项卡中，单击【对齐方式】组中的【文本右对齐】按钮，使输入文本成右对齐。

③ 单击【表格工具/设计】选项卡【表格样式】组"中度样式 2，强调 2"选项。

④ 在【表格工具/设计】→【绘图边框】组【笔划粗细】下拉列表中选择"4.5 磅"，然后在【表格样式】组中，单击【边框】下拉按钮，选择"外框线"。

⑤ 在第 6 张幻灯片插入 Excel 表格中做好的图表。

(3) 应用自选图形。

① 切换至第 3 张幻灯片，选择【插入】→【插图】组中的【形状】选项，在弹出的列表选项中选择"矩形"中的"圆角矩形"形状。

② 选择"圆角矩形"，单击【绘图工具/格式】→【形状样式】组选择【形状轮廓】选项，在下拉列表中，选择"主题颜色"为"深蓝，文字 2"，【粗细】下拉列表中选择"1.5磅"；单击【绘图工具/格式】→【形状样式】组选择【形状填充】选项，选择"主题颜色"为"白色，背景 1"。

③ 鼠标右键单击"圆角矩形"，在弹出菜单中选择"编辑文字"选项，录入对应文字，并将文字设置为"华文楷体"，字号为"18"。

④ 选择【插入】→【插图】组中的【形状】选项，在弹出的列表选项中选择"矩形"中的"矩形"形状，大小按图设置。

⑤ 单击"矩形，"选择【绘图工具/格式】→【形状样式】组中的【形状填充】选项，在下拉列表中，选择"主题颜色"为"蓝色，强调文字颜色 1"，移到如图 9-56 所示位置。

⑥ 选择【插入】→【插图】组中的【形状】选项，在弹出的列表选项中选择"基本形状"中的"椭圆"形状。

⑦ 单击"椭圆"，选择【绘图工具/格式】→【形状样式】组中的【形状填充】选项，在下拉列表中，选择"主题颜色"为"蓝色，强调文字颜色 1，淡色 80%"；选择【形状轮廓】选项，在下拉列表中，选择"主题颜色"为"深蓝，文字 2"，【粗细】下拉列表中选择"1.5 磅"，移到如图 9-56 所示位置。

⑧ 鼠标右键单击"椭圆"，在弹出菜单中选择【编辑文字】选项，录入"1"，并将文字设置为"黑体"，字号为"36"，移到如图 9-56 所示位置。

⑨ 按照上述步骤完成"2"和"3"的设置。

(4) 设置动画效果。

① 切换至第 3 张幻灯片，选中其中的"圆形"形状。

② 选择【动画】→【动画】组"形状"选项。

③ 单击【动画】组【效果选项】下拉按钮。

④ 在弹出的下拉列表【方向】中，选择"缩小"选项。

⑤ 选择"圆角矩形"形状，单击【动画】→【动画】组中的【浮入】样式。

⑥ 切换至第 5 张幻灯片，选中表格，单击【动画】组下拉按钮，在弹出的下拉列表中选择【强调】中"放大/缩小"选项。

⑦ 切换至第 6 张幻灯片，选中图表图片，单击【动画】组下拉按钮，在弹出的下拉列表中选择【更多进入效果】命令，选中【圆形扩展】选项，单击【确定】按钮。

(5) 插入超链接。

① 进入幻灯片母版视图后，选择左侧列表框中的第 1 张幻灯片。

② 在当前幻灯片中绘制一个宽度为 4 厘米，高度为 3.5 厘米的"圆角矩形"。

③ 在"圆角矩形"中输入各幻灯片标题内容。

④ 选中"圆角矩形"，单击鼠标右键选择【设置形状格式】命令，在打开的【设置形状格式】对话框中，选择左侧栏中【填充】，右侧窗口中勾选【渐变填充】复选框，将【类

型】设置为"射线",单击【关闭】按钮。

⑤ 选中"圆角矩形"中"业绩回顾",单击【插入】→【链接】组中的【超链接】按钮,在打开的【插入超链接】对话框,单击【链接到】中的【本文档中的位置】按钮。

⑥ 在【请选择文档中的位置】列表框中选择"业绩回顾"选项,单击【确定】按钮。

⑦ 按照相同方法,为"圆角矩形"中的其余文字添加超链接,均设置为当前演示文稿中的指定位置。

(6) 将演示文稿另存为模板。

① 单击【文件】菜单,选择【另存为】命令,在弹出的对话框中,选择【保存类型】下拉列表中"PowerPoint 模板"选项。

② 其他选项设置保持不变,然后单击【保存】按钮。

实战 3　利用 PowerPoint 制作四页幻灯片

利用 PowerPoint 制作四页幻灯片,内容如下:

第一页:计算机组织结构。
- 计算机系统的组成
- 计算机的硬件系统
- 计算机的软件系统
- 计算机的层次结构

第二页:计算机的硬件系统。

第三页:计算机的软件系统。

第四页:计算机的层次结构。

幻灯片设计要求:

(1) 幻灯片第一页作为目录页,为第一页的四个标题设置超级链接,以便点击目录中的标题可直接浏览相对应的页面;从第二页到第四页每页在右下角设置"返回"的超链接,以实现跳转回第一页的功能。

(2) 第二页插入计算机内任一图片,位置、大小自行调整。

(3) 第三页插入 3 行 3 列表格,表格内文字内容不用输入,位置、大小自行调整。

(4) 第四页插入一个 SmartArt 图形,如图 9-60 所示。

图 9-60　SmartArt 效果

(5) 为每页幻灯片中设置不同的主题，样式自选。

(6) 每页至少有一处动态文字或图片，效果自选。

(7) 为幻灯片添加日期、时间和编号等信息。

(8) 为全部幻灯片设置切换方式，效果自选。

(9) 幻灯片要整体效果美观，图片、模板应符合主题。

操作步骤提示：

添加日期、时间和编号等信息，操作如下：

(1) 打开演示文稿，单击【插入】选项卡【文本】组中的【页眉和页脚】命令，打开【页眉和页脚】对话框。

(2) 在弹出的【页眉和页脚】对话框中，勾选【幻灯片编号】、【页脚】复选框，在【页脚】文本框中输入"计算机组织结构"。

 技能提升

模板下载与应用

模板可以快速地为演示文稿选择统一的背景和配色方案，当选择了某一模板后，则整个 PPT 的幻灯片都按照选择的模板进行改变。

(1) 快速找到 Normal 模板。

每次进入 PPT 时，系统都会自动新建一个空白文档，这个空白文档实际上就是 Normal 模板。

(2) 直接从 Microsoft Office 下载模板。

用户还可以直接从 Microsoft Office 下载模板。这种方法相对简单、实用，具体步骤如下：

① 单击【文件】菜单，选择【新建】按钮，如图 9-61 所示。

图 9-61　新建

② 在右侧的"Office.com 模板"栏下，在搜索框中输入自己所需的模板类型，单击【下载】按钮后，即可打开模板，如图 9-62 所示。

图 9-62　下载

(3) 推荐比较优秀的模板下载网站。

通过搜索网站搜索"PPT"，就可以找到一些实例比较强大的 PPT 网站。下面推荐几个比较常用的 PPT 专业网站。

① 无忧 PowerPoint 网址：http://www.51ppt.com.cn。

② 锐得 PPT 网址：http://www.ruideppt.net/index.asp。

(4) 使用模板。

① 使用内置模板。新建一个 PPT 文档，或者打开已有的文档，单击【设计】选项卡会看到已经安装了的所有模板，单击右侧下拉按钮，选择所需模板即可，如图 9-63 所示。

图 9-63　内置模板使用

② 使用网络幻灯片模板。

a. 微软公司的站点免费下载更多的网络模板，详细步骤见"直接从 Microsoft Office 下载模板"。

b. 其他网站下载的 PPT 模板文件直接双击打开即可。

所有模板打开后，幻灯片的增加、删除，图片、文字、SmartArt 图形等添加均与内置模板的使用相同。

项目十　综合实战演练

在信息化的数字时代，人们所有的工作、学习都离不开计算机。多元化的工具软件辅助人们完成各项工作任务。往往一个工作任务需要办公软件、压缩软件、格式转化软件、音频、视频等很多常用工具软件联合工作。本项目通过一个大的实际案例来模拟多款常用软件联合使用的真实工作情景，讲述了常用工具软件如何联合工作，从而实现综合项目需求。

 项目目标

➢ 明确综合项目的工作流程。
➢ 熟练掌握常用工具软件的使用方法。

 项目描述

小张是大三的学生，他和同学参加了学校组织的第二届中国"互联网+"大学生创新创业大赛培训会。同学们对比赛非常感兴趣，他们决定组建参赛团队。在多次的市场调研后，团队制作了创业项目策划书（PDF 格式）、项目答辩 PPT 及 1 分钟项目简介视频，并把三个文件以压缩包的形式上传到大赛组委会邮箱。

 项目实施

任务一　制作项目策划书

【任务内容】运用 Word 2010 软件完成项目策划书模板的封面、主体核心内容以及生成目录，最终以 PDF 格式进行保存。

(1) 完成项目策划书模板封面和保密承诺，效果如图 10-1 所示。

项目策划书封皮应该包括项目名称、团队名称、指导老师、参赛学校名称、参赛负责人联系电话、参赛负责人电子邮箱等内容。同时，其下方应附有保密承诺，内容如下：

本策划书内容涉及本参赛项目的商业秘密，仅对评审专家和有投资意向的投资者公开。本团队请求评审专家和投资企业收到本策划书时做出以下承诺：

妥善保管创业策划书，未经本参赛者同意，不得向第三方公开本策划书涉及的商业秘密。

图 10-1　项目策划书封面和保密承诺

(2) 完成项目策划书模板的主体核心内容，效果分别如图 10-2 和图 10-3 所示。

图 10-2　项目策划书模板内容(1)

图 10-3　项目策划书模板内容(2)

一份完整的项目策划书的主体内容应包括策划书摘要、产品/服务、行业及市场情况、组织与管理、产品营销策略、产品经营模式、财务计划、风险评估与防范、项目实施进度九部分内容。

① 策划书摘要：是全部策划书的核心之所在，应该涵盖策划书的所有要点，浓缩所

有精华，并要求简洁、可信，一目了然。策划书摘要应该尽量控制在两页纸内完成，可以用文字描述的方式也可以用表格的形式呈现，如图10-4所示。

一、策划书摘要

投资安排

资金需求数额	（万元）	相应权益	

拟建企业基本情况

公司名称	
联系人	
电话	
传真	
E-mail	
地址	
项目名称	
您在寻找第几轮资金	□种子资本　□第一轮　□第二轮　□第三轮
企业的主营产业	

其他需要着重说明的情况或数据（可以与下文重复，本概要将作为项目摘要由投资人浏览）

图10-4　策划书摘要的表格形式

② 产品/服务：主要介绍拟投资的产品/服务的背景、目前所处发展阶段、与同行业其他企业同类产品/服务的比较以及本企业产品/服务的竞争优势，包括性能、价格、服务等方面的新颖性、先进行和独特性等。

③ 行业及市场情况：可以使用Excel图表说明目标市场容量的发展趋势。本企业与目标市场内，至少要有两个主要竞争对手的比较，还要介绍企业所针对的市场、营销战略、竞争环境、竞争优势与不足、主要对产品的销售金额、增长率和产品或服务所拥有的核心技术、拟投资的核心产品的总需求等。

④ 组织与管理：可以使用Word组织结构图的形式表明团队组织结构，同时也可以用表格的形式全面介绍公司管理团队情况，包括展示公司管理团队的战斗力、独特性及与众不同的凝聚力和团结战斗精神。

⑤ 产品营销策略：要阐述清楚营销机构和营销队伍、营销渠道的选择和营销网络的建设、广告策略和促销策略、价格策略、市场渗透与开拓计划、市场营销中意外情况的应急对策等。

⑥ 产品经营模式：产品的经营模式说明，销售价格的制定等方面内容。

⑦ 财务计划：包括投入资金的最小值以及盈亏平衡分析，预计毛利润率、纯利润率，项目实施的计划进度及相应的资金配置、进度表。

⑧ 风险评估与防范：详细说明该项目实施过程中可能遇到的风险以及控制、预防手段，包括可能的政策风险、技术开发的风险、经营管理风险、市场开拓风险、财务风险、投资风险、对团队关键人员依赖的风险等，每项要单独叙述控制和防范手段。

⑨ 项目实施进度：使用表格的形式详细列明项目实施计划和进度，并注明起止时间。

(3) 完成项目策划书模板的目录，效果如图10-5所示。

在项目策划书模板的主体内容基础上，运用项目五所学的生成目录的方法，完成项目策划书目录。

目　录

图 10-5　项目策划书目录

(4) 把 Word 版"项目策划书"以 PDF 的形式保存。

PDF 是由 Adobe 公司所开发的、独特的跨平台文件格式，是便携文档格式的外语简称，同时也是该格式的扩展名。它可把文档的文本、格式、字体、颜色、分辨率、链接及图形图像、声音、动态影像等所有的信息封装在一个特殊的整合文件中。它在技术上起点高，功能全，远远超过了现有的各种流行文本格式，加上又有 Adobe 公司的极力推广，现在已经成为新一代电子文本不可争议的行业标准。

① 选择【文件】里的【另存为】命令，弹出【另存为】对话框，在窗格下方【保存类型】下拉列表中选择文件类型为"PDF"，单击【保存】按钮，效果如图 10-6 所示。

图 10-6　以 PDF 文件类型保存

② 单击【选项】按钮，弹出如图 10-7 所示的选项对话框，在此可以设置转换为 PDF

文件的页数等内容。

图 10-7　PDF 选项

任务二　制作项目答辩 PPT

【任务内容】运用 PowerPoint 2010 软件制作完成项目答辩的 PPT。

利用前面学过的知识，完成创业项目的答辩 PPT。项目答辩 PPT 主要内容实际是对策划书的提炼，在规定时间内配合演讲者的发言，达到声情并茂的效果。

从一个完整的演示文稿来看，PPT 的结构分为五部分：封面页、目录页、转场页、内容页、总结页和结尾页（可以没有转场页和总结页）。只有建立了清晰的逻辑关系，才能把问题陈述清楚。陈述过程中，应注意以下几点：

(1) 封面文字就是整个 PPT 内容的概括，即先提出你的结论。

(2) 如果 PPT 很长，要有一个摘要页，把关键的问题写上去。

(3) 每页的大标题就是这一页内容的概括：幻灯片只传递最重要的信息。

(4) 每张幻灯片只演示和说明一个论点，论点用陈述性语言。

(5) 如果是图表，图表标题要说明数据指示的含义和趋势。

(6) 如果整个 PPT 谈了几个要点，在转场页前或最后陈述时应再次总结强调。做完的 PPT 如图 10-8～图 10-13 所示。

图 10-8　项目答辩 PPT 效果图(1)

图 10-9 项目答辩 PPT 效果图(2)

图 10-10 项目答辩 PPT 效果图(3)

图 10-11 项目答辩 PPT 效果图(4)

图 10-12 项目答辩 PPT 效果图(5)

图 10-13　项目答辩 PPT 效果图(6)

任务三　制作项目简介视频

【任务内容】根据项目内容,搜集相关的图像、声音、文字等媒体素材,利用"会声会影"软件制作一个时间长度为 1 分钟的视频短片。

1. 准备工作

(1) 在制作影片之前,要有一个清晰的工作流程。提前搜集准备影片中视频、图片、音频等媒体素材,并利用工具软件进行前期处理。例如,用 Photoshop 处理图片、Gold Wave 处理音频等。

(2) 新建一个文件夹,把所有的素材文件复制到这个文件夹中备用。

(3) 认识"会声会影"界面,如图 10-14 所示。

图 10-14　"会声会影"界面

① 步骤面板。"会声会影"将影片制作过程简化为三个简单步骤。单击步骤面板中的【捕获】、【编辑】、【分享】按钮,可在步骤之间切换。

② 菜单栏。它提供用于自定义"会声会影"界面、打开和保存影片项目、处理单个素材等命令。

③ 预览窗口和导览面板。它提供一些用于【回放】和【精确修整】素材的按钮。使用导览控制按钮可以移动所选素材或项目,使用【修整标记】和【擦洗器】可以编辑素材。

在"捕获"步骤中，它也可用作 DV 或 HDV 摄像机的设备控制。

④ 工具栏。它可提供对许多编辑命令的快速访问，可以更改项目视图，在【项目时间轴】上放大和缩小视图以及启动不同工具进行有效的编辑。工具栏中的按钮如图 10-15所示。

1—故事板视图；2—时间轴视图；3—撤消；4—重复；5—录制/捕获选项；6—混音器；

7—自动音乐；8—缩放控件；9—将项目调到"时间轴"窗口大小；10—项目时间

图 10-15 工具栏

⑤ 项目时间轴。它是组合视频项目中媒体素材的位置。"项目时间轴"中有两种视图显示类型：【故事板视图】和【时间轴视图】。鼠标左键单击【工具栏】左侧的两个切换按钮，可以在不同视图之间切换。如图 10-16 所示，【故事板视图】中的每个"缩略图"都代表一张照片、一个视频素材或一个转场，"缩略图"是按其在项目中的位置显示的，可以拖动"缩略图"重新进行排列。如图 10-17 所示，【时间轴视图】为影片项目中的元素提供最全面的显示，它按视频、覆叠、标题、声音和音乐将项目分成不同的轨道。

图 10-16 【故事板视图】

图 10-17 【时间轴视图】

⑥ 选项面板。通过双击素材或单击【选项】按钮打开【选项面板】。【选项面板】会随程序的模式和正在执行的步骤或轨的不同而发生变化，可修改对应的相关参数。

⑦ 素材库。素材库中存储了制作影片所需的全部内容：视频素材、照片、即时项目模板、转场、标题、滤镜、色彩素材和音频文件。

 知识链接——捕获、编辑、分享

"会声会影"制作视频主要分三个工序即"捕获"、"编辑"、"分享"，分别用于导入素材、制作视频、导出成品。

捕获：可从摄像头录下视频，也可从插进电脑的各种摄影器械或优盘中提取，还可从本地磁盘导入视频文件，并录下电脑屏幕。

编辑：是制作影片的核心。可以把多媒体素材添加到"时间轴"，使用【选项面板】修改元素的属性，设置转场、标题、图形、动画和滤镜等效果。

分享：将渲染的影片作为视频文件导出，将项目刻录为带有菜单的 AVCHD、DVD 和 BDMV 光盘，导出到移动设备或直接上传到网络中。

2. 制作项目视频

(1) 在【桌面】单击 图标，启动"会声会影"软件。

(2) 选择【文件】菜单中的【新建项目】命令，创建一个新项目。

(3) 在【设置】菜单中选择【项目属性】命令，打开【项目属性】对话框，设置需要的视频格式，单击【确定】按钮，关闭对话框。

(4) 把文件夹中的素材导入到"会声会影"的素材库中，以便在编辑视频过程中随时调用。在【项目时间轴】的轨道上单击鼠标右键，依次选择【插入视频】、【插入图片】、【插入音频】等命令，将视频、图片、音乐分别插到相应的轨道上。

(5) 选择【文件】菜单中【保存】命令，保存影片。注意："会声会影"项目文件以"*.vsp"文件格式保存。

(6) 设置"转场"效果。"转场"是将影片从一个场景平滑地切换为另一个场景，为影片添加专业化的效果。在【素材库】左侧的选项面板中单击鼠标左键选择【转场】按钮，从下拉列表的各种转场类型中进行选择，如图 10-18 所示。在"缩略图"上单击鼠标左键并将其拖放到"时间轴"的两个视频素材之间，松开鼠标后效果将进入对应位置，如图 10-19 所示。

图 10-18　"转场"【素材库】

图 10-19　"转场"效果

(7) 添加字幕。在【素材库】左侧的选项面板中单击鼠标左键选择【标题】按钮,【预览窗口】上会显出"双击我可以添加标题"。可以在【预览窗口】中的提示区域录入文字,打出的文字会在【标题轨】形成一个素材。文字素材也可以放在【覆叠轨】上。

(8) 添加"滤镜"效果。在【素材库】左侧的选项面板中单击鼠标左键选择【滤镜】按钮,在需要的滤镜效果缩略图上单击鼠标左键并将其拖放到"时间轴"的视频素材上。除了音频素材之外的其他素材都可以使用"滤镜"特效,一个素材可以叠加多个特效。添加特效后,素材的【选项】面板的【属性】标签中就会出现"特效列表",选中特效后单击鼠标左键选择【自定义滤镜】,可以调整滤镜的各种参数。

(9) 导出影片。在【步骤面板】单击鼠标左键选择【共享】标签,如图 10-20 所示。单击【创建视频文件】按钮,选择需要导出的形式,单击【保存】按钮,影片开始渲染,如图 10-21 所示。当渲染进度条达到 100%时,视频文件创建完成。

图 10-20　【分享】标签

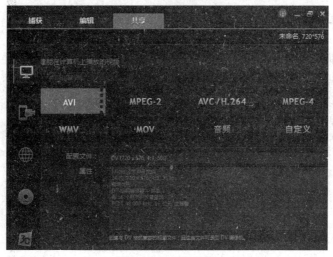

图 10-21　影片渲染

任务四　制作文件压缩包

【任务内容】把项目策划书、答辩 PPT 及视频文件进行统一打包压缩。

(1) 将待压缩文件统一放置在一个文件夹中。

(2) 建立压缩文件(采用 WinRAR 压缩软件)。

① 选择待压缩的文件夹(也可以压缩文件),在文件夹上单击鼠标右键,在弹出的菜单点击选择【添加到压缩文件】选项,打开【压缩文件名和参数】对话框,如图 10-22 所示。

② 在【压缩文件名和参数】对话框中,可以修改输出的压缩文件的参数,如压缩文件的名字、文件存放位置、压缩方式等,也可以保持默认选项。设置后,单击【确定】按钮,这时文件就会进行压缩处理。压缩完成后,存放目录下会出现压缩文件"创业大赛"。

图 10-22　【压缩文件名和参数】对话框

 项目总结

计算机和我们已经密不可分,很多以前需要人们手工完成的工作现在都可由计算机来完成。大量的数据文件被存放在计算机当中,因此需要各种工具软件来帮助人们。通过这个项目,要明确以下两点:

- 学会梳理工作流程,做好前期准备。
- 计算机的软件种类繁多,要举一反三,提升对软件的自学能力。

网络基础

计算机网络是指将有独立功能的多台计算机通过通信设备线路连接起来，在网络软件的支持下，实现彼此之间资源共享和数据通信的整个系统。掌握常用 Internet 应用方法，才能更好地利用资源共享的优势。

本模块主要介绍接入、浏览和搜索 Internet，以及收发电子邮件等 Internet 应用。

项目十一　Internt 应用

随着计算机走进人们的工作、生活以及网络的迅速发展，上网已不仅仅是一种时尚，而是一种人们在现代生活中对信息传递、信息查询、业务来往、情感交流的迫切需要。

本项目将从家庭接入 Internet 的上网方式选择入手，解决上网方式的选择、所需硬件的选购与安装、网络的连接与测试以及相关故障等问题，进而实现浏览和搜索互联网、收发电子邮件、网络购物、即时通信等一系列 Internet 应用。

 项目目标

➢ 了解 Internet 的上网方式。
➢ 了解网络接入的相关设备。
➢ 熟练掌握搜索引擎的使用方法与技巧。
➢ 熟练掌握电子邮件撰写、收发、管理等系统应用。

 项目描述

黄 XX 大学毕业后就留在了外地工作，他打算和几个同学一起合租房子，共用一条网线合资上网，实现网上浏览、收发邮件、搜索购物、即时通信以及手机 WiFi 上网，等等。可是他们所学专业与计算机相去甚远，如何实现这些功能，解决技术上的难题，使他们陷入了窘境……

 项目实施

任务一　接入 Internet

【任务内容】用比较合适的方法将特定场合的电脑接入 Internet，根据自己的需要来购置网络设备和选择网络提供商，做到经济实惠。

1. 认知 Internet

在接入 Internet 之前，需要对 Internet 的相关知识有一定的了解和认识。

(1) 什么是 Internet。Internet，中文正式译名为因特网，又叫做国际互联网。它是由那些使用公用语言互相通信的计算机连接而成的全球网络，起源于 20 世纪 60 年代美国国防部的阿帕网(ARPANet)。阿帕网是一个由 4 个节点连接的网络，用以促进计算机网络和分组交换技术的研究。

(2) Internet 的发展。在 1989—1990 年，NSFNet 主干网的速率提高到 1.544 Mb/s，并且成为 Internet 中的主要部分。逐渐取代了 ARPANet 在 Internet 的地位，到了 1990 年，鉴于 ARPANet 的实验任务已经完成，在历史上起过重要作用的 ARPANet 正式宣布关闭。随着 NSFnet 的建设和开放，网络节点数和用户数迅速增长。以美国为中心的 Internet 网络互联也迅速向全球发展，世界上的许多国家纷纷接入到 Internet，使网络上的通信量急剧增大。

近年来，Internet 的普及推动了全球范围内"三网合一"的进程，即将计算机网络、电信通信网络与有线电视网络合并成一个网络。

2. 认知域名

域名(Domain Name)，即通常所说的网址，是由一串用点分隔的名字组成的 Internet 上某一台计算机或计算机组的名称，用于在数据传输时标识计算机的电子方位(有时也指地理位置)，是互联网上计算机的网络地址，也是接入互联网的计算机在网络上的名称。

(1) 域名的构成。完整的域名由三个或三个以上部分组成，有国际域名和国家域名之分。国际域名分为三个部分，各个部分之间用英文句点"."分隔。在完整的域名中，从右向左依次是：顶级域名、二级域名、三级域名。顶级域名或一级域名分为两类，即组织上的和地理上的，除美国以外的国家和地区都采用代表国家或地区的顶级域名；二级域名标识网站性质，为行业、组织、机构名称；三级域名为网站名称；四级域名为主机名。

例如：购够乐网站的域名结构。

www(四级域名：主机名).gogo-le(三级域名：网站名称).com(二级域名：网站性质) (.cn 一级域名：如果存在国家或地区域名后缀的话)

(2) 域名的类型。Internet 协会规定机构性域名有七类，即网站的性质与域名的后缀有关，地理性国别域名也有对应的国别后缀。域名、部分国别后缀约定见表 11-1。

表 11-1　域名、部分国别后缀约定

域名后缀	网站性质	国别后缀	国　　别
.COM	商业机构	.CN	中国
.EDU	教育机构	.US	美国
.INT	国际机构	.JP	日本
.GOV	政府机构	.FR	法国
.MIL	军事机构	.AU	澳大利亚
.NET	网络机构	.CA	加拿大
.ORG	非赢利机构	.UK	英国

3. 认知 IP 地址

(1) 什么是 IP 地址。IP 地址就是给每个连接在 Internet 上的主机分配的一个网络地址。目前有 IPv4 地址和 IPv6 地址。IPv4 地址是类似 A.B.C.D 的格式，它是 32 位的，用"."分成 4 段，用十进制表示；而 IPv6 地址类似 X:X:X:X:X:X:X:X 的格式，它是 128 位的，用":"分成 8 段，用十六进制表示。可见，IPv6 地址空间相对于 IPv4 地址有了极大的扩充。

(2) IPv6 地址。

① IPv6 地址类型。在 RFC2373(IPv6 寻址体系结构- IP Version 6 Addressing Architecture)中指出了三种类型的 IPv6 地址，它们分别占用不同的地址空间：

单点传送：这种类型的地址是单个接口的地址。发送到一个单点传送地址的信息包只会送到地址为这个地址的接口。

任意点传送：这种类型的地址是一组接口的地址，发送到一个任意点传送地址的信息包只会发送到这组地址中的一个(根据路由距离的远近来选择)。

多点传送：这种类型的地址是一组接口的地址，发送到一个多点传送地址的信息包会发送到属于这个组的全部接口。

② IPv6 地址表示。对于 128 位的 IPv6 地址，考虑到 IPv6 地址的长度是原来的四倍，RFC1884 规定的标准语法建议把 IPv6 地址的 128 位(16 个字节)写成 8 个 16 位的无符号整数，每个整数用四个十六进制位表示，并且这些数之间用冒号(:)分开，如：3ffe:3201:1401:1:280:c8ff:fe4d:db39。

希望手工管理 IPv6 地址的难度太大，DHCP 和 DNS 的必要性就在这里显得更加明显。为了简化 IPv6 的地址表示，只要保证数值不变，就可以将前面的 0 省略。

RFC2373 中详细定义了 IPv6 地址。按照定义，一个完整的 IPv6 地址的表示法为：X X X X：X X X X：X X X X。例如：2001:0000: 1F 1F :0000:0000:0100: 11A 0:ADDF。

为了简化其表示法，RFC2373 提出每段中前面的 0 可以省略，连续的 0 可省略为"::"，但只能出现一次。例如：

1080:0:0:0:8:800: 200C : 417A 可简写为 1080::8:800: 200C : 417A；

FF01:0:0:0:0:0:0:101 可简写为 FF01::101；

0:0:0:0:0:0:0:1 可简写为 ::1；

0:0:0:0:0:0:0:0 可简写为 ::。

③ IPv6 地址分配。RFC 规定，IPv6 地址空间的管理必须符合 Internet 团体的利益，必须是通过一个中心权威机构来分配。目前，这个权威机构就是 IANA(Internet Assigned Numbers Authority，Internet 分配号码权威机构)。 IANA 会根据 IAB(Internet Architecture Board)和 IEGS 的建议来进行 IPv6 地址的分配。

目前，IANA 已经委派三个地方组织来执行 IPv6 地址分配的任务：欧洲的 RIPE-NCC(www.ripe.net) 、北美的 INTERNIC(www.internic.net) 和亚太平洋地区的 APNIC(www.apnic.net)。

IPv6 目前使用于教育网，外网是无法使用的。首先要安装 IPv6 协议，在 XP 下可以运行-cmd-输入 IPv6 install；在 vista 或是 Windows 7 下自带 IPv6 协议，用 ipconfig /all 查看 IP 地址。

(3) IPv4 地址。每个 IPv4 地址包括两个标识码(ID)，即网络 ID 和主机 ID。同一个物理网络上的所有主机都使用同一个网络 ID，网络上的每一个主机(包括网络上工作站、服务器和路由器等)都有一个主机 ID 与其对应。

Internet 委员会定义了 A～E 五种 IP 地址类型以适合不同容量的网络。其中 A、B、C 三类由 InternetNIC 在全球范围内统一分配，D、E 类为特殊地址。

① A 类 IP 地址。A 类 IP 地址是指在 IP 地址的四段号码中，第一段号码为网络号码，

其他三段号码为本地计算机的号码。如果用二进制表示 IP 地址，A 类 IP 地址就由 1 字节的网络地址和 3 字节主机地址组成，网络地址的最高位必须是"0"。A 类 IP 地址中网络的标识长度为 8 位，地址范围 1.0.0.1-126.255.255.255，子网掩码为 255.0.0.0；主机标识的长度为 24 位。每个网络支持的最大主机数为 2^{24}-2 台。

②　B 类 IP 地址。B 类 IP 地址是指在 IP 地址的四段号码中，前两段号码为网络号码。如果用二进制表示 IP 地址，B 类 IP 地址就由 2 字节的网络地址和 2 字节的主机地址组成，网络地址的最高位必须是"10"。标识长度为 16 位，地址范围为 128.1.0.1～191.255.255.255，子网掩码为 255.255.0.0；主机标识的长度为 16 位，每个网络所能容纳的计算机数为 2^{16}-2 台。

③　C 类 IP 地址。C 类 IP 地址是指在 IP 地址的四段号码中，前三段号码为网络号码，剩下的一段号码为本地计算机的号码。如果用二进制表示 IP 地址，C 类 IP 地址就由 3 字节的网络地址和 1 字节的主机地址组成，网络地址的最高位必须是"110"，C 类网络地址数量较多，地址范围为 192.0.1.1～223.255.255.255，子网掩码为 255.255.255.0；主机标识的长度为 8 位，适用于小规模的局域网络，每个网络最多只能包含 254 台计算机。

④　特殊 IP 地址。IP 地址中凡是以"11110"开头的 E 类 IP 地址都保留用于将来和实验使用。"1110"开始的地址都叫多点广播地址。因此，任何第一个字节大于 223 小于 240 的 IP 地址(范围为 224.0.0.1～239.255.255.254)是多点广播地址。

IP 地址中的每一个字节都为 1 的 IP 地址(255.255.255.255)是当前子网的广播地址；每一个字节都为 0 的地址(0.0.0.0)对应于当前主机。

IP 地址中不能以十进制"127"作为开头，该类地址中数字 127.0.0.1 到 127.1.1.1 用于回路测试。如：127.0.0.1 可以代表本机 IP 地址，用"http://127.0.0.1"就可以测试本机中配置的 Web 服务器。

(4) IPv4 和 IPv6 地址关系。IPv4 中规定 IP 地址长度为 32，即有 $2^{32} - 1$ 个地址；而 IPv6 中 IP 地址的长度为 128，即有 $2^{128} - 1$ 个地址。二者地址对应关系和区别见表 11-2。

表 11-2　IPv4 和 IPv6 地址对应关系和区别

IPv4 地址	IPv6 地址
组播地址(224.0.0.0/4)	IPv6 组播地址(FF00::/8)
广播地址	无，只有任播(anycast)地址
未指定地址为 0.0.0 .0	未指定地址为 ::
回路地址为 127.0.0.1	回路地址为 ::1
公用 IP 地址	可汇聚全球单播地址
私有地址(10.0.0 .0/8、172.16.0.0/12 和 192.168.0.0/16)	本地站点地址(FEC0::/48)
Microsoft 自动专用 IP 寻址自动配置的地址(169.254.0.0/16)	本地链路地址(FE80::/64)
表达方式：点分十进制	表达方式：冒号十六进制 (取消前置零、零压缩)
子网掩码表示：以点阵十进制表示法或前缀长度表示法(CIDR)	子网掩码表示：仅使用前缀长度表示法(CIDR)

(5) 域名与 IP 间的对应关系。域名与 IP 地址间有一种对应关系，这种对应关系通过 DNS(域名解析服务)来完成。如百度网站的域名为 www.baidu.com，而百度的网站的 IP 地址是 "61.135.169.125"。一般而言，可以用域名访问某网站，也可以用与该域名相对应的 IP 地址访问该网站。但通过百度域名和 IP 地址的比较可知，IP 地址很难记忆，因此互联网组织又用代表一定意义的字符串来表示主机地址，提供了域名(Domain Name)服务。图 11-1 所示是通过在地址栏中输入域名访问相应网站，大家可以尝试使用 IP 地址访问百度。

图 11-1   用百度的域名访问百度网站

4. 确定 Internet 的接入方法

(1) 电话拨号上网，是早期我国最普及的家庭网络接入方式，带宽只有 56 KB，拨号上网是按时收费的，所以费用算是偏高的。

(2) ADSL 电话拨号上网，即利用现有的电话线网络，在线路两端加装 ADSL 设备，可为用户提供高速宽带服务。由于不需要重新布线，所以降低了成本，进而降低了用户的上网费用。另外，利用 ADSL 技术上网与打电话互不影响，也为用户生活和交流带来便利，是目前的主要上网方式。

(3) 有线电视线路上网。利用有线电视网进行数据传输需要用到电缆调制解调器。电缆调制解调器主要是面向计算机用户的终端，它连接有线电视同轴电缆与用户计算机之间的中间设备。

(4) ISDN 一线通上网。一线通将电话线分成几个信道，传输速度提高，可以同时上网、打电话、发传真，上网速度也能提高 2 倍以上，但费用比电话拨号上网高，家庭得具有足够的经济实力。这种上网方式比较适合于专业的 SOHO 人士，所以不是非常普及。

(5) 小区宽带/局域网上网。一般小区宽带是采用光纤到主干机房，再通过网线、交换机等设备往住户端布局，因此每个用户都是拥有到交换机的 100 MB 共享带宽。由于交换机和路由器的总出口要分享给很多客户，所以同时上网的人多速度就比较慢，而小区同时上网人少的时候，网络状况就非常好。

各类大专院校、科研院所、大企业公司也都是通过这种方式接入国际互联网的。两者相比较，后者的速度比较快，稳定性也比较好。

(6) DDN 数字专线上网。通过专线上网，速度很快，但无论有无数据传送，数字专线总处于连通状态，用户都得为占用网络资源而付费。这种接入主要是企业使用，只有少数对网络品质要求较高的 SOHO 用户会使用该方式上网。

（7）无线网卡移动上网。无线上网不是指手机上网，而是采用一张带无线天线的笔记本 PC 槽扩展卡，让笔记本不需要通过 AP 就能上网，这种技术其实也是借助手机的无线地面基站来实现的。目前较常见的是 CDMA 1X 上网卡，这种无线上网卡的上网速度比较慢，通常按流量收费且收费比较贵。

5. 准备上网硬件设备

（1）网卡。计算机与外界局域网的连接是通过主机箱内插入一块网络接口板，在笔记本电脑中是一块 PCMCIA 卡，称为通信适配器、网络适配器、网络接口卡 NIC(Network Interface Card)，通常被人们简单地称为"网卡"。如图 11-2 所示为常用网卡，图 11-3 所示为台式机内置无线网卡，图 11-4 为 USB 接口的台式机、笔记本等外置无线网卡。

图 11-2 网卡　　　　　　　　　　图 11-3 内置无线网卡

图 11-4 外置无线网卡　　　　　　　图 11-5 双绞线

（2）双绞线。双绞线(Twisted Pair)是由两条相互绝缘的导线按照一定的规格互相缠绕(一般以逆时针缠绕)在一起而制成的一种通用配线，属于信息通信网络传输介质，如图 11-5 所示。双绞线的布线标准中规定了两种双绞线的接入标准，即 568A 标准和 568B 标准，线序的排列不同，双绞线的传输速度也就不同。

568A 标准：白绿-1，绿-2，白橙-3，蓝-4，白蓝-5，橙-6，白褐-7，褐-8。

568B 标准：白橙-1，橙-2，白绿-3，蓝-4，白蓝-5，绿-6，白褐-7，褐-8。

（3）光纤。光纤是光导纤维的简写，是一种由玻璃或塑料制成的纤维，可作为光传导工具，如图 11-6 所示。传输原理是光的全反射，是宽带网络中多种传输媒介中最理想的一种，它的特点是传输容量大，传输质量好，损耗小，中继距离长等。光纤宽带和 ADSL 接入方式的区别就是：ADSL 是电信号传播，光纤宽带是光信号传播。

图 11-6 光纤

图 11-7 ADSL Modem

(4) 调制解调器(Modem)。调制解调器是 Modulator(调制器)与 Demodulator(解调器)的简称，根据 Modem 的谐音，称之为"猫"。ADSL Modem 是为 ADSL(非对称用户数字环路)提供调制数据和解调数据的机器，抗干扰能力强，有一个 RJ-11 电话线孔和一个或多个 RJ-45 网线孔，如图 11-7 所示。当入户网线为光纤时，调制解调器则应选用光猫，如图 11-8 所示。

图 11-8 光猫

图 11-9 无线路由

(5) 路由器。路由器一般有多个接口，用户可以自己在家庭组建局域网让多台电脑可以上网，所以如果只有一台电脑的话，可以用猫，也可以用路由器。如果超过两台电脑上网，而且只用一条宽带的话，那只能用路由器了。路由器分为有线路由和无线路由两种。图 11-9 所示为无线路由。

6. 使用 ADSL 接入 Internet

(1) 硬件连接。准备好网卡及网线以后，就要对计算机、ADSL Modem 进行连接了。ADSL 安装示意图如图 11-10 所示。

图 11-10 ADSL 安装示意图

(2) 在 Windows 7 系统下创建宽带连接。首先右键单击【网络】快捷方式，选择【属性】，在打开的对话框中，选择【设置新的连接或网络】，如图 11-11 所示。

图 11-11 选择【设置新的连接或网络】

(3) 在打开的【设置连接或网络】对话框列表中，选择第一项【连接到 Internet】，再单击【下一步】按钮，如图 11-12 所示。

图 11-12 选择【连接到 Internet】

(4) 下一步，选择中间的第二项【宽带(PPPoE)(R)】，如图 11-13 所示。

图 11-13 选择宽带连接

(5) 此时，出现【连接到 Internet】对话框，根据提示输入用户名、密码以及宽带的快捷图标的名称，单击【连接】按钮，如图 11-14 所示，宽带连接创建完成。

图 11-14　设置宽带连接用户名、密码

(6) 这时，可在【控制面板】→【网络和 Internet】中选择【查看网络状态和任务】选项，在打开的对话框中选择【更改适配器设置】，双击【本地连接】打开【本地连接状态】对话框，点击【属性】按钮，在列表中选择【Internet 协议版本 4(TCP/TPv4)】，如图 11-15 所示。

(7) 如图 11-16 所示，设置 IP 地址、子网掩码以及默认网关、DNS 服务器等。设置完成后，点击【确定】按钮，宽带连接设置完毕，可以上网了。

图 11-15　选择【本地连接　属性】　　　　　图 11-16　设置 IP 地址

任务二　浏览和搜索 Internet

【任务内容】浏览器有很多种，而 Windows 在安装时默认安装了 IE 浏览器。有了浏览器就可以浏览 Internet 资源并学会搜索互联网。

　知识链接——浏览器

浏览器是指可以显示网页服务器或者文件系统的 HTML 文件内容，并让用户与这些文件交互的一种软件。常见的网页浏览器包括微软的 Internet Explorer(IE)、Mozilla 的 Firefox、Apple 的 Safari、Opera、Google Chrome、GreenBrowser 浏览器、360 安全浏览器、腾讯 TT、傲游浏览器，等等。浏览器是最经常使用的客户端程序。三种浏览器的图标如图 11-17 所示。

图 11-17　几种常见的浏览器图标

1. 对 IE 浏览器进行常规设置

选择 IE 主菜单【工具】中的【Internet 选项】，打开【Internet 选项】对话框，通过【常规】选项卡对 IE 浏览器进行一些常规的设置，包括主页设置、Internet 临时文件设置、历史记录设置以及网络文本的颜色、字体等的设置。

(1) 设置主页。

① 使用当前页设置。单击【使用当前页】命令按钮，设置当前打开的网页为以后每次打开 IE 浏览器时打开的页面，即起始页。如想要设置起始页为百度首页，可以先启动 IE，在其地址栏中输入"http://www.baidu.com"，单击【使用当前页】按钮；也可以通过在图 11-18 中的主页地址栏中输入"http://www.baidu.com"来实现。

② 使用默认页设置。单击【使用默认页】命令按钮，可以设置打开 IE 浏览器时的起始页面为 IE 浏览器默认页面，即微软公司主页。

③ 使用空白页设置。设置 IE 浏览器打开时的起始页面为空白页，即不打开任何页面，这样在启动 IE 浏览器时，可以快速启动。

(2) 设置 Internet 临时文件。

① 删除浏览的历史记录。单击图 11-18 中的

图 11-18　【Internet 选项】对话框

【删除】按钮,打开【删除浏览的历史记录】对话框,勾选要删除的选项,单击【删除】按钮进行删除,如图 11-19 所示。

　　② 设置浏览的历史记录。单击图 11-18 中【浏览历史记录】的【设置】按钮,系统弹出如图 11-20 所示的对话框,设置临时文件所用磁盘空间的位置、网页保存在历史记录中的天数。点击【查看文件】和【查看对象】按钮,可以查看临时文件夹中保存的文件、对象。通过查看这些文件和对象,可以知道访问者浏览了网上的哪些内容,以及使用网络的时间。

图 11-19　删除历史记录　　　　　　图 11-20　设置临时文件和历史记录

　　IE 历史记录文件夹记录了最近一段时间内浏览过的网站的内容,系统默认是 20 天,几乎所有的操作都会被系统自动记录下来,因此从 History 文件里可以监视到本机上的所有操作。勾选图 11-18 中的【退出时删除浏览历史记录】,可以清除本次访问过网页的全部历史记录;若要让 IE 不记录访问历史,也可以将网页保存在历史记录中的天数从默认的 20 改成 0。

　　(3) 常规选项中的其他设置。

　　【颜色】设置所浏览网页的文本、背景以及链接的颜色。使用自定义的网页颜色,需要同时对【辅助功能】选项卡中的"格式化"进行设定才能生效,分别如图 11-21 和图 11-22 所示,勾选其中的格式设置。

图 11-21　颜色对话框　　　　　　　图 11-22　辅助功能对话框

字体：设置所浏览页面的文本的字体样式。

语言：设置浏览网页所使用的语言，系统默认只有一种语言，即"中文(中国)"。有些网站提供了多种语言文字的内容，如果需要可以单击【添加】按钮进行添加。

2. 对 IE 浏览器进行安全设置

在【Internet 选项】对话框的【安全】选项卡中，可以设定"Internet"、"本地 Intranet"、"受信任的站点"、"受限制的站点"，如图 11-23 所示。

(1) 设置 Internet。默认情况下，该区域包含了不在用户的计算机和 Intranet 上以及未分配到其他任何区域的所有站点。Internet 区域的安全级为"中"。

(2) 设置本地 Intranet。该区域通常包含按照系统管理员的定义不需要代理服务器的所有地址，包括在【连接】选项卡中指定的站点、网络路径(\\server\share)和本地 Intranet 站点；也可以将站点添加到该区域，本地 Intranet 区域的设置默认安全级为"中"。

(3) 设置受信任的站点。该区域包含可信任的站点，相信可以直接从这里下载或运行文件，而不用担心会危害用户的计算机或数据；可将站点分配到该区域，可信站点区域的默认安全级为"低"。

(4) 设置受限制的站点。该区域包含不信任的站点，不能肯定是否可以从这里下载或运行文件，而不损害用户的计算机或数据；可将站点分配到该区域，受限站点区域的默认安全级为"高"。此外，已经存储在本地计算机上的任何文件都被认为是最安全的，它们被设为最低的安全级。

(5) 自定义安全级别。如果需要，可以更改某个区域的安全级别。例如，可能需要把本 Intranet 区域的安全设置为"低"，也可以自定义某个区域中级别的默认选项。单击图 11-23 中的【自定义级别】按钮使用高级设置，能更有效地设置全部安全选项，如图 11-24 所示。

图 11-23　Intranet 安全选项

图 11-24　自定义安全级别

3. 对 IE 浏览器进行内容设置

在【Internet】选项的【内容】选项卡中，可以控制可查看的 Internet 内容；具体包括设置分组审查、证书和个人信息等方面的内容，如图 11-25 所示。

(1) 内容分级设置。在图 11-25 中的【内容审查程序】选项区域中，单击【启用】按钮，弹出【内容审查程序】对话框，如图 11-26 所示。通过拖动滑块来设置各项内容的查看级别，分别对暴力、毒品、赌博等方面的显示级别进行设置。

图 11-25　内容设置

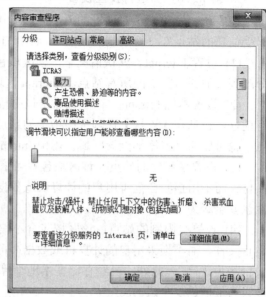

图 11-26　内容审查设置

(2) 设置许可站点。在【许可站点】选项卡的【允许该网站】对话框中输入允许访问的网址，单击【始终】按钮可添加到允许列表中，创建随意查看的站点列表和不可查看的站点列表，如图 11-27 所示。

(3) 设置常规选项。在这里可以设置用户站的相关选项，以及设置监督人的密码和分级系统等项内容，如图 11-28 所示。单击【创建密码】按钮可以创建监护人密码。

图 11-27　许可站点

图 11-28　【内容审查程序】的【常规】选项卡

(4) 更改监护人密码。当密码被创建后，【创建密码】按钮变为【更改密码】按钮，单击【更改密码】按钮，打开【更改监护人密码】对话框，输入旧密码、新密码以及提示信息，然后单击【确定】完成设置。

4. Internet 选项的高级设置

通过 Internet【高级】选项卡，可以根据用户的需要对 IE 菜单、Internet 选项、IE 右键菜单和 IE 附加地址栏进行全面设置，如图 11-29 所示。在【设置】列表中进行设置，出现问题 IE 不能正常使用时，可单击【还原默认设置】按钮，还原设置选项。

图 11-29　Internet 高级设置

5. 浏览网页

(1) 浏览指定网页。访问吉林交通学院网，网址为 http://www.jjtc.com.cn/。在 IE 地址栏中直接输入要浏览的网页地址，回车或单击【转到】按钮打开相关页面进行浏览，在打开的网页上存在着超链接，当鼠标指针变成手形指针时单击，可以跳转到其对应页面进行浏览。大部分的网页是"www.xxx.com"的形式，当打开这样的网页时可以先在地址栏中输入"xxx"，然后按住【Ctrl】+【Enter】组合键，这样就可以进入这个网站了。

(2) 使用历史记录浏览网页。以 IE9 为例，点击浏览器窗口右上角星形按钮，打开【历史记录】列表，查找最近几天访问过的 Web 页，如图 11-30 所示。其中包含了本机在最近几天或几周内访问过的 Web 页和站点的链接，单击某一站点的链接可以浏览其链接页面。

(3) 快速缩放浏览页面。IE 内核的浏览器都支持用【Ctrl】+鼠标滚轮上下滚动可快速调整显示比例，如果想将修改后的网页快速恢复 100%，直接按下【Ctrl】+【O】键就可以了。

(4) 无痕浏览页面。在用 IE9 浏览器上网前按

图 11-30　查看历史记录浏览访问过的网页

下快捷键【Ctrl】+【Shift】+【P】，IE9 将自动切换到一个名为 InPrivate 的特殊浏览模式，在这个模式下任何网址、账号、个人信息都不会被系统保存。

6. 保存与收藏网页

(1) 选择保存一般网页。使用 IE 自身的保存功能，保存网页的全部。打开需要保存的网页，按【Ctrl】+【S】键自动保存网页文件。

(2) 保存网页为图片。当一个网页很有用，想复制下来格式又不对，网页的排版，文字说明等要按原来的进行复制下来很麻烦，这时候将整个网页保存为图片格式，就可以保存网页原来的风格以及网页原有的布局，数据不会丢失。以 360 浏览器为例，打开想要保存的网页，单击窗口右上角的【打开菜单】→【保存网页为图片】，打开如图 11-31 所示的【另存为】对话框，设置图片保存类型，可以选择保存为 PNG、JPEG、BMP 等文件类型。

图 11-31　网页【另存为】对话框

(3) 保存网页上的图片与视频。

① 利用鼠标右键菜单保存。在要保存的图片上单击鼠标右键，在弹出的菜单中选择【图片另存为】，然后选择要保存的路径和文件名就可以了。

② 利用文件菜单保存。利用文件菜单中的【另存为】保存。当网页中要保存的图片太多时，可以使用这种方法。它可以把当前网页和同名图片文件夹保存起来，打开保存下来的网页同名文件夹，就可以获取网页中的图片。如图 11-32 所示，双击文件夹，可找到要保存的图片。

图 11-32　另存后的网页与同名文件夹

③ 利用临时文件夹保存。浏览网页过后，网页中的大量信息通常都会被保存在临时文件夹中，找到临时文件夹并打开，预览里面的图片，然后把想要保存的图片或视频文件复制出来。具体操作步骤为：单击网页中【工具】→【Internet 选项】→【临时文件夹】→【设置】→【查看文件】，在打开的文件夹中搜索，要精确地搜索，查找视频文件，输入文件名"*.flv"，接着就会搜到一些 FLV 文件，复制到电脑中，再用播放器播放即可。如果要保存图片，就去查找 PNG、GIF、JPEG 等文件。

④ 保存网页上加密的图片。网页中有些图片是经过加密处理过的，不能直接通过鼠标右键来下载，也不能把网页保存到硬盘中，有的甚至连工具栏都没有。这样的加密图片该怎么保存呢？只要先后打开两个 IE 窗口，其中一个用来显示用户要下载图片的网页，另一个用来保存图片。用鼠标左键按住想要保存的图片不放，往另外一个 IE 窗口中拖动，图片就会到那个 IE 窗口中了，然后就可以使用鼠标右键的"图片另存为"功能，这样就得到加密图片了。

⑤ 网页收藏。我们在浏览网页的时候会发现好多网页都很有特色或者对自己很有用，很值得收藏，以便我们下次浏览，那么到底该如何收藏网页呢？首先，找到浏览器上方的【收藏】，打开【添加到收藏夹】对话框，选择创建位置，并点击【添加】按钮，完成收藏，如图 11-33 所示。

图 11-33　添加收藏

7. 运用搜索引擎

(1) 认识搜索引擎。搜索引擎是指根据一定的策略、运用特定的计算机程序从互联网上搜集信息，在对信息进行组织和处理后，为用户提供检索服务，将用户检索相关的信息展示给用户的系统。搜索引擎包括全文索引、目录索引、元搜索引擎、垂直搜索引擎、集合式搜索引擎、门户搜索引擎与免费链接列表等。百度和谷歌等是搜索引擎的代表。

(2) 搜索引擎的分类。

① 目录式搜索引擎，又称为被动式搜索引擎，它是以人工方式或半自动方式搜集信息，由编辑人员查看信息之后，人工形成信息摘要，并将信息置于事先确定的分类框架中，如中文 Yahoo!，国外的 LookSmart、Ask Jeeves、Open Directory 等。

② 机器人搜索引擎，又称为主动式搜索引擎，它是由一个称为蜘蛛(Spider)的机器人程序以某种策略自动地在 Internet 中搜集和发现信息，由索引器为搜集到的信息建立索引，由检索器根据用户的查询输入检索索引库，并将查询结果返回给用户，如国内的中文

Google，国外的 AltaVista、Excite、Infoseek、Lycos 等。

③ 元搜索引擎(Meta Search Engine)，它一般都没有网络机器人及数据库，其搜索结果是通过调用、控制和优化其他多个独立搜索引擎的搜索结果并以统一的格式在同一界面集中显示，如 Bbmao 搜索引擎、北斗搜索、Xooda 元搜索引擎、Seekle 元搜索引擎等。

(3) 搜索网站的标题中含有"吉林交通"字样的网页。把查询内容中特别关键的部分，用"intitle:"引起来(此处的"："为英文半角的冒号)。要查找网站的标题中含有"吉林交通"字样的网页时，可以在搜索引擎对话框输入："intitle:\吉林交通"，如图 11-34 所示的搜索查询。

图 11-34　把搜索范围限定在网页标题中

(4) 把搜索范围限定在特定站点中。有时候，我们知道某个站点中有自己需要找的东西，就可以把搜索范围限定在这个站点中，以提高查询效率。使用的方式，是在查询内容的后面，加上"site:站点域名"。如图 11-35 所示的对话框中输入"新闻 site:www.sina.com"，表示只在新浪网搜索新闻。特别注意，"site:"后面跟的站点域名不要带"http://"；另外，"site:"和站点名之间不要带空格。

图 11-35　在指定网站中搜索

(5) 把搜索范围限定在 URL 链接中。在含有"jiqiao"的 URL 中搜索关于"网页保存"的技巧，可在搜索对话框中输入"网页保存 inurl:jiqiao"，如图 11-36 所示。点击找到的一个链接项，查看打开的网页 URL 是否包含"jiqiao"。使用时注意，"inurl:"语法和后面所跟的关键词不要有空格。

图 11-36　把搜索范围限定在 URL 链接中

(6) 精确匹配——双引号。如果输入的查询词很长，百度在经过分析后，给出的搜索结果中的查询词可能是拆分的。如果为查询词加上双引号，就可以达到不被拆分的效果。加双引号和不加双引号搜索"计算机网络互联技术"的结果，分别如图 11-37 和图 11-38 所示。

图 11-37　加引号搜索

图 11-38　不加引号搜索

　　(7) 带书名号查询。书名号查询是百度独有的一个特殊查询语法。在其他搜索引擎中，书名号会被忽略，而在百度，中文书名号是可被查询的。加上书名号的查询词有两层特殊功能：一是书名号会出现在搜索结果中；二是被书名号扩起来的内容不会被拆分。书名号在某些情况下特别有效。例如，查名字很通俗和查常用的那些电影或者小说，效果很好，如图 11-39 所示。

图 11-39　用书名号精确匹配关键词

　　(8) 要求搜索结果中不含特定查询词。用减号语法可以去除含有特定关键词的链接。搜索"计算机"而不包括"网络"结果，如图 11-40 所示。

图 11-40　要求搜索结果中不含特定查询词

任务三　收发电子邮件

【任务内容】可以使用免费邮箱收发电子邮件，也可以使用专业工具收发电子邮件，能够使用不同的工具软件顺利地收发电子邮件，会给自己以及他人的工作、生活带来很大的方便。

1. 认识电子邮件

(1) 电子邮件。电子邮件(E-mail)是一种用电子手段提供信息交换的通信方式，是Internet 应用最广的服务。这些信息可以是文字、图像、声音等各种方式，通过网络的电子邮件系统，以廉价、方便、快捷的方式与世界上任何一个角落的网络用户联络。

(2) 电子邮件服务协议。POP(Post Office Protocol)邮件办公协议，目前发展到了第三个版本即 POP3。它负责从 POP3 服务器上获取邮件，发送到用户的计算机中；SMTP(Simple Mail Transfer Protocol) 简单邮件传输协议，规定应该如何把邮件传输到目的地；IMAP(Internet Message Access Protocol)Internet 信息访问协议，提供了一个服务器上管理邮件的手段，它与 POP 相似，但功能比 POP 要多，可以从邮件服务器上提取邮件传递到目的地。

(3) 电子邮箱。电子邮件实际上是具有特殊格式的文件，被存放在邮件接收服务器上。为了区分不同用户的电子邮件，并顾及安全和管理的需要，于是不同用户的邮件被放置在不同的文件夹下，这种文件夹就是邮箱。用户在申请邮箱时，邮件服务器将提供给用户一个邮件账号和密码，用户通过该账号和密码访问自己的邮箱，以确保安全。

2. 申请免费邮箱

Internet 上很多网站都为用户提供了免费邮箱，申请免费邮箱以"126 网易免费邮"为例，登录网站"www.126.com"，如图 11-41 所示，单击【立即注册】，进入邮箱注册页面。在对话框中输入用户名、密码以及其他相关用户资料，单击注册向导的【下一步】按钮，进行逐步的设置，最终完成。

图 11-41　注册免费邮箱

3. 发送带签名的电子邮件

(1) 登录邮箱，熟悉环境。进入电子邮箱所在的网站，利用已经注册的账号、密码登录自己的邮箱，进入邮箱主页面，如图 11-42 所示。点击各选项卡、命令按钮熟悉邮箱环境。

图 11-42　网易邮箱主页面

(2) 撰写邮件。单击【写信】按钮，进入邮件编辑页面；在收件人对话框输入收件人的 E-mail 地址，在主题对话框输入邮件主题；单击【信纸】按钮，选择信纸样式；在邮件正文编辑区域撰写邮件正文；单击【添加附件】按钮，在打开的【选择文件】对话框中选择要附带的文件，单击【打开】按钮，附件添加完成，如图 11-43 所示。

图 11-43　撰写邮件

（3）设置签名。单击【设置】→【邮箱设置】→【基本设置】→【签名设置】→【添加签名】，打开签名设置页面。签名设计如图 11-44 所示，也可以单击【随机选取】以随机选取签名，设置完毕单击【确定】按钮。

图 11-44　添加签名

另外，签名添加完成后，还可以再点击【编辑】进行更改，也可以点击【删除】进行删除。如果想在每一封邮件中都加入同一个签名，只需要把该签名设置为默认签名即可。

（4）发送邮件。在邮件撰写完成之后，确定是否加入个性签名，之后单击【发送】按钮，出现【邮件发送成功】页面，确认邮件已发送。

4. 查收并管理电子邮件

(1) 接收电子邮件。登录邮箱后，单击【收信】或者【收件箱】打开收件箱页面，如图 11-45 所示。在收件箱邮件列表中，可以看出带有信封图标的是未读邮件，其他为已读邮件。

(2) 阅读、回复电子邮件。双击邮件列表中的收件人名称或邮件主题，就可以打开该邮件进行阅读，如图 11-46 所示。邮件正文可以直接阅读，附件需要单击【下载附件】下载到本地进行阅读，或者单击附件标题在线阅读。

邮件需要回复时，只需单击【回复】按钮，打开邮件编辑页面，直接撰写邮件内容，而这时收件人地址以及邮件主题都已经存在，单击【发送】按钮，邮件发送成功，回复任务就完成了。

图 11-45　接收邮件

(3) 添加通讯录。通讯录是记录联系人的邮箱地址及其相关信息，只要有邮件往来，在发邮件或收邮件时都可以把联系人的地址添加到通讯录。添加到通讯录的联系人可以进行分组，以便于查找和使用。在阅读邮件时，单击【添加到通讯录】可以把当前邮件的地址直接保存到通讯录，如图 11-46 所示。

图 11-46　阅读邮件

(4) 转发电子邮件。邮件转发有两种形式，一种是直接转发，一种是作为附件转发。单击【转发】→【直接转发】，在打开的发送页面收件人地址栏中输入收件人的邮件地址，单击【发送】完成转发。

选择【作为附件转发】则在收件人地址栏中输入收件人的邮件地址，再点击【发送】即可将该邮件以附件的形式转发出去，如图 11-47 所示。

图 11-47　邮件转发

(5) 删除邮件。打开收件箱，勾选邮件列表中要删除的电子邮件，单击【删除】按钮，邮件就从收件箱中消失了，而这时邮件只是被暂时存放到了【已删除】列表中，如图 11-48 所示。

暂存于已删除列表中的邮件，还没有被彻底删除，可以进行恢复。勾选要恢复的邮件，单击【移动】下拉按钮，选择邮件还原的去处，邮件就会从已删除列表消失，恢复到指定位置。如果不进行恢复，7 天后自动删除。若要立即删除，则勾选要删除的邮件，单击【删除】按钮，被选中的邮件被彻底删除，无法进行恢复。

图 11-48　删除邮件

任务四　　了解 Internet 其他服务

【任务内容】即时通信可以实时交谈和互传信息，同时还集成了语音聊天、在线视频等功能。网上购物逐步成为人们的常规网络行为，通过联网检索商品信息，第三方支付等方式完成网上购物。

1. 网络即时通信

即时通信软件除了可以实时交谈和互传信息之外，很多还集成了数据交换、语音聊天、在线视频、网络会议、电子邮件等功能。而这些功能往往是我们工作、生活中最得利的工具。

(1) 使用 QQ 聊天。QQ 在腾讯网站可直接下载，安装、启动、添加好友后，双击好友头像打开聊天面板，在输入框中输入文字、表情、截图等，如图 11-49 所示。点击【发送】按钮，就可以互相发送信息进行交流、在线聊天了。

(2) 使用 QQ 的语音、视频功能。QQ 具有强大的语音和视频聊天功能，在网络顺畅的时候语音聊天效果比电话还好。视频聊天能够真实地看到好友的状态。

① 语音会话。双击好友头像，会弹出聊天面板，单击如图 11-50 所示话音通话图标 的下拉按钮，选择【开始语音会话】则开始连线网络好友。作为受邀方，系统会弹出通知【接受】对话框，点击接受，则可建立语音聊天的连接。若不想与好友进行语音聊天时，单击【拒绝】按钮，即可结束语音聊天。

图 11-49　QQ 聊天面板　　　　　　　图 11-50　QQ 聊天面板功能模块

② 视频聊天。在聊天对话框中单击摄像头图标 的下拉按钮，如图 11-50 所示。选择【开始视频通话】，系统将会弹出对话框，等待好友接受邀请。作为受邀方，单击【接受】按钮，则可建立视频聊天的连接。若不想与好友进行视频聊天时，单击【拒绝】按钮，即可结束视频聊天。

选择【邀请多人视频会议】则可以组建一个网络视频会议，多人同时视频。

(3) 使用 QQ 传送文件。使用 QQ 传送文件也是比较常用的功能，此功能可以和好友传送各种格式的文件，如图片、文档和影音文件等。

单击图 11-50 所示的【传送文件】图标 ，选择【发送文件/文件夹】，直接发送选定的文件或文件夹，即时传送。如果接收方此时不在线，可以选择【发送离线文件】进行传送，传送的文件可以暂时存储在服务器上，对方上线时再进行接收。但是，离线文件在服务器上只会保存 7 天，接收方应在 7 天内接收文件。

(4) 远程协助。任何人都可以利用一技之长通过远程控制技术为远端电脑前的用户解决问题，如安装和配置软件、绘画、填写表单等协助用户解决问题。当你远方的朋友电脑出现问题，而他又不知道怎么去解决，要帮助他，使用远程协助是最简单有效的方法。

单击图 11-50 所示【远程桌面】图标 ■ 的下拉按钮，选择【邀请对方远程协助】，对方就可以接收如图 11-50 所示的邀请远程协助的请求，对方点击【接受】或【拒绝】来选择是否同意进行远程协助。单击图 11-50 所示【远程桌面】图标 ■ 的下拉按钮，选择【请求控制对方电脑】，分别如图 11-51 和图 11-52 所示，请求提示信息，当对方接受请求，就会成功控制对方电脑，并显示远程桌面。

图 11-51　远程协助邀请

图 11-52　请求远程控制

2. 网上购物

利用网上购物网站，通过互联网检索商品信息，并通过电子订购单发出购物请求，通过银行转账、在线汇款、第三方支付等方式完成网上购物。例如，选择一购物网站购买田连元播讲的评书《水浒传》，购买电子版，不需快递。

(1) 注册新用户。如图 11-53 所示购物网站，选择亚太地区较大网络零售网站——淘宝网进行注册。登录淘宝网"http://www.taobao.com"，单击首页右侧【免费注册】按钮 ，填写个人注册信息，即可完成免费注册，拥有自己的淘宝账户，并以该账户登录。

图 11-53　购物网站

(2) 查找商品。在淘宝网首页的搜索对话框中，输入要购买的宝贝名称，如图 11-54 所示。

图 11-54　搜索商品

(3) 单击【搜索】按钮，打开如图 11-55 所示的搜索结果列表的页面，选择感兴趣的商品，注意该商家的信誉度是否有"消费者保障"和"七天退换"的标志。

图 11-55　选择商品

(4) 单击超链接可弹出该商品的详细信息，如图 11-56 所示，单击图中箭头标注的位置，可以查看宝贝详情、评价详情、成交记录以及设置购买数量，如果想以后再下订单或者还要购买其他商品，可点击【加入购物车】按钮，否则点击【立刻购买】。

图 11-56　查看详情和确定购买

(5) 购买商品，提交订单。点击【立刻购买】后，接下来就需要进行电子订单确认、付款等操作。通过第三方支付的软件，也就是我们常说的支付宝进行付款。在弹出确认购物信息页面，首先填写"确认您的收货地址"栏，接着填写购买的数量、运送方式，最后填写个人信息。单击如图 11-57 所示的【提交订单】按钮，完成认购。

图 11-57　提交订单

网上付款。如果支付宝账户有存款，则直接从支付宝支付，如图 11-58 所示。如果支付宝账户没有存款，则需要登录你所签约的网上银行付款到支付宝，然后再从支付宝进行支付。

在网银页面付款成功后，即可完成支付宝付款了。支付宝会通知卖家发货，买家注意查收货物，收到货物后，点击【确认收货】付款给卖家，并对商品进行评价。在自己的交易管理页面可查看到交易记录。

图 11-58　从支付宝付款

 项目总结

本任务从家庭接入 Internet 的上网方式选择入手，细致地分析了网络接入的方法，认识了简单网络设备，并对所需硬件的选购与安装、网络的连接与测试以及相关故障等问题进行了详细说明。不仅实现了浏览和搜索互联网、收发电子邮件、网上购物，而且能够灵活运用网络即时通信工具进行在线交流和沟通。

 项目实战

实战1　使用百度识图找图片

有时候我们在一些网站看到一张喜欢的图片，但是又不是高清或者图片大小不符合自己的需求，这时就可用百度识图方便快捷地找到原图。

(1) 把想要查找的图片(不是高清或者图片大小不符合自己的需求)下载到本地,这里将图片文件保存为"guorong.jpg",如图 11-59 所示。

(2) 打开百度图片首页(http://image.baidu.com),单击【百度一下】左侧的上传图片按钮,如图 11-60 所示。

图 11-59 guorong.jpg 文件   图 11-60 百度上传本地图片(1)

(3) 点击如图 11-61 所示的【本地上传】按钮,在本地文件夹中找到"guorong.jpg",百度即开始识图操作,列出搜索结果,如图 11-62 所示。

图 11-61 百度上传本地图片(2)

相似图片   更多 »

相似推荐: 张国荣

图 11-62 相似图片

实战2 电子邮件群发

电子邮件作为正常的商业邮件往来,大规模邮件群发的需求越来越突出,如银行、电信、证券增值服务，会员群发通知、企业信息电子杂志的邮件投递、针对性招聘类企业网上发送简历，以及产品打折促销、新产品发布等各类行业的群发应用。本项目就是要利用电子邮件群发技术，广泛发送自己的求职简历。

(1) 邮件群发软件的安装。在网上搜索免费电子邮件群发软件，下载到本地进行安装。这里要安装的邮件群发软件是"新星邮件速递专家"。安装后启动该软件，主界面如图 11-63 所示。

图 11-63　"新星邮件速递专家"主界面

(2) 邮件群发软件的设置。

① 在群发电子邮件之前，首先要对该软件进行一些必要的设置。点击主界面中的【设置】按钮，出现"设置"界面，如图 11-64 所示。

图 11-64　邮件群发软件的设置界面

② 在设置界面中要进行邮箱设置、网络设置、邮件选项、代理设置和其他设置等一

系列的设置，只有设置正确，才能顺利地进行邮件群发。点击【增加邮箱】→【增加】，出现设置邮箱账户界面，填写好基本信息，如图 11-65 所示。

③ 当提交这些邮箱账户信息后，软件会对该账户邮箱进行验证，以保证其可用。点击【确定】按钮，进行网络设置，如图 11-66 所示。

图 11-65　邮箱账户设置　　　　　　　图 11-66　网络设置

④ 根据企业所在的位置填写 DNS 及域名等信息，点击【确定】按钮。选择邮件选项，对邮件选项进行设置。在这一步，我们可以指定发件人的姓名、发件人的邮箱、指定收件人回复的固定邮箱等信息，如图 11-67 所示。返回主界面，只要有邮件地址就可以实现群发功能了。

图 11-67　邮件选项设置

(3) 导入电子邮件地址列表。邮件地址可以由两种方式产生：一种是逐个添加到主界面右下部的地址表格中；另一种是以文本文件的形式一次性导入多个电子邮件地址。一般而言，逐个添加邮件地址可以保证邮件地址的有效性，而以文本文件的形式导入多个电子邮件地址，可能有相当一部分电子邮件地址无效。

选择一个已经存在的存储电子邮件地址列表的文件(注：此处所用的电子邮件地址列表

文件中的电子邮件地址均为试用地址，而非真实的电子邮件地址，以防产生垃圾邮件)。单击【导入】→【从文件导入】，结果如图 11-68 所示。

图 11-68　成功导入电子邮件地址

(4) 编辑邮件内容并发送。点击【编辑】按钮，在弹出的邮件编辑窗口编写邮件正文，其方法与普通电子邮件的编辑方法相同，也可以在该邮件中挂带附件，找到自己的个人求职简历。完成后点击【发送】按钮，在弹出如图 11-69 所示的对话框中，选择【发送失败自动转正常模式重发 1 次】，这样可以在一些邮箱发送失败后，再重发 1 次。如果仍有部分邮箱显示为发送失败，可以选择【恢复】按钮，将这些发送失败的邮箱恢复为正常模式后，再重发 1 次，就实现邮件群发了。

图 11-69　邮件发送前提示框

(5) 查看群发状态。邮件地址总数为 38 个，其中成功发送的邮件状态为 "√"，而发送失败的邮件状态为 "×"，如图 11-70 所示。

图 11-70　发送状态显示

 技能提升

光纤接入，构建小型办公网络

保留公司固定电话，并实现手机 Wifi 上网，同时保证两台台式电脑上网，两台笔记本无线上网，要求能够共享公司相关资源。

(1) 硬件连接。购置所需要的硬件，按图 11-71 所示连接硬件设备。

图 11-71　小型办公网络连接示意图

(2) 设置无线路由。先接通电源，插好网线，进线插在 wan 口(一般是蓝色口)，与电脑连接的网线可插入任意一个 LAN 口。然后找到路由器后面的地址、账号和密码，进行连接。在浏览器中输入路由器上所看到的地址，一般是 192.168.1.1，打开身份验证对话框，输入相应的账号和密码，进入设置向导界面。

进入上网方式设置，可以看到有三种上网方式供选择。如果是拨号上网，可采用 PPPoE 方式。采用此方式上网，需要填写上网账号和密码。填写完成后，单击【下一步】按钮，进入无线设置页面，可以看到如图 11-72 所示的界面。在此界面可以设置工作模式、信道、安全选项、SSID 等。一般 SSID 就是无线网登录名，网络模式大多采用 11b/g/n 混合模式，其余为默认选项。

图 11-72　小型办公网络连接示意图

(3) 统一工作组名。要顺利组建该局域网，所有局域网中的电脑必须具备相同的工作组和不同的计算机名。在 Windows 7 中，具体操作比较简单，鼠标右键单击"计算机"，在弹出的快捷菜单中选择"属性"，再在弹出窗口的"计算机名称、域、工作组设置"下修改计算机所在工作机组及计算机名即可。

(4) 分别设置每台电脑的 IP 地址，IP 地址要在同一网段。

(5) 设置 DNS 服务器地址。

(6) 文件共享整合多方文件资源。局域网创建完成后，就可以创建不同的共享文件夹，以实现不同电脑间的文件资源共享。在安装 Windows 7 时，系统会自动为我们创建一个名为"公用"的用户，同时还会在硬盘上创建名为"公用"的文件夹。在前面的设置中，我们已选择了允许公用文件夹共享，因此局域网内其他电脑都可访问这一文件夹。普通的文件共享，只要将需要共享的文件拷贝到"公用"文件夹中即可完成。而更灵活的应用，就需要手动设置了。

(7) 任务拓展。若该网络需要增加 4 台台式电脑以及一台打印机，那么还需购置哪些设置，应该如何连接硬件，如何进行系统的设置。画出新连接示意图，并写出配置步骤。

参 考 文 献

[1]　肖杨. 计算机应用基础项目教程. 北京：中国水利水电出版社，2016.

[2]　侯冬梅. 计算机应用基础. 北京：中国铁道出版社，2011.

[3]　付玲. 计算机应用基础项目化教程. 北京：北京理工大学出版社，2016.